ALL ABOUT HISTORY

萤火虫 REFLY

TSUNAMIS · CYCLONES · EARTHQUAKES · PANDEMICS · VOLCANIC ERUPTIONS

PLAGUES · HURRICANES · WILDFIRES · TYPHOONS · LAHARS · TORNADOES

TSUNAMIS · CYCLONES · EARTHQUAKES · PANDEMICS · VOLCANIC ERUPTIONS

NATURAL DISASTERS

[英] 乔恩·怀特 编著　张顺生 朱敬 译

改变人类历史的自然灾害

PLAGUES · HURRICANES · WILDFIRES · TYPHOONS · LAHARS · TORNADOES

中国画报出版社 · 北京

图书在版编目（CIP）数据

改变人类历史的自然灾害 / (英) 乔恩·怀特编著；
张顺生, 朱敬译. —— 北京：中国画报出版社, 2020.12（2023.9 重印）
（萤火虫书系）
书名原文：All About History : Natural Disasters
ISBN 978-7-5146-1913-3

Ⅰ.①改… Ⅱ.①乔… ②张… ③朱… Ⅲ.①自然灾
害 - 介绍 - 世界 Ⅳ.①X43

中国版本图书馆CIP数据核字(2020)第181253号

著作权合同登记号：图字01-2020-5186

改变人类历史的自然灾害

[英] 乔恩·怀特 编著　张顺生 朱　敬 译

出 版 人：于九涛
选题策划：赵清清
责任编辑：赵清清　曹　婷
责任印制：焦　洋

出版发行：中国画报出版社
地　　址：中国北京市海淀区车公庄西路33号　邮编：100048
发 行 部：010-88417418　010-68414683（传真）
总编室兼传真：010-88417359　版权部：010-88417359

开　　本：16开（787mm×1092mm）
印　　张：12.75
字　　数：150千字
版　　次：2020年12月第1版　2023年9月第5次印刷
印　　刷：北京汇瑞嘉合文化发展有限公司
书　　号：ISBN 978-7-5146-1913-3
定　　价：62.00元

改变人类历史的自然灾害

　　自远古以来，自然灾害就一直威胁着人类的安全与生存。飓风、地震、海啸和流行病都对地球上的各地人口造成过毁灭性的影响。《改变人类历史的自然灾害》一书深度透视了人类有史以来所遭受的一些重大灾难，从庞贝古国的毁灭、黑死病的肆虐到飓风"卡特里娜"以及印度洋海啸的冲击……本书记录了人类社会在重大灾难面前如何齐心协力组织救援，以及科学家们如何竭尽全力帮助各国更好地应对即将面临的灾难。欲了解改变人类历史进程的各种自然灾害，敬请阅读本书中目击者们的亲身经历以及对专家们的访谈。

目录

140

124

53

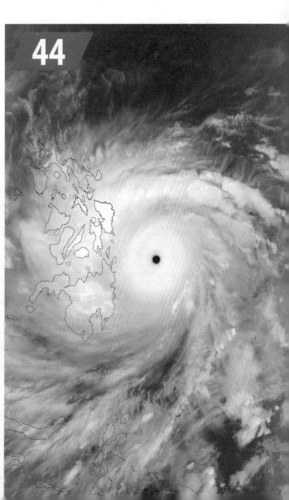

海地地震

2010年，一个长期以来饱受恶劣的热带气候毒害的贫穷国家，发生了严重地震，海地瞬间瘫痪。

2008年3月，五名科学家聚首多米尼加共和国首都圣多明各，参加第十八届加勒比海地质学会议。

五位科学家聚在一起，对地震活动和碳氢化合物的产生等话题展开广泛的探讨；由于加勒比海地质活动活跃，该会议内容历来丰富多彩。然而，这五人来此并非分享任何好消息，而是带来了令人惊恐的研究结果。他们预计伊斯帕尼奥拉岛（海地岛）两大主要东西走向的走滑断层——南部的恩里基洛-芭蕉园断层和北部的北方断层，将要发生一次大地震。

研究小组利用一系列全球定位系统数据，预测海地将要爆发一场7.2级的地震。而且，断层将穿越海地首都太子港下方，这意味着该地区人口最稠密的地方可能将遭受最严重的地震袭击。更糟的是，科学家们表示，地震就像一枚滴答作响的地质定时炸弹，会在几乎没有任何先兆的情况下随时爆发。政府部门对此并非充耳不闻；海地政府代表与这些科学家会面，一起分析了科学家们提供的数据。然而，事实仍然是，海地政府根本没有时间和资源为其国民做任何抗震准备。

海地不同于日本：1994年东京发生了一场毁灭性的大地震，之后日本便开始加固建筑物并进行定期地震演习，而海地是一个十分贫穷的国家，根本无法建起任何实质性的防护性建筑。2010年，研究小组成员、印第安纳州西拉斐特市普渡大学地质学家埃里克·加莱（Eric Calais）在接受《地球杂志》的一次采访中回忆道："我们曾与海地政府官员探讨过事情的严重性，他们也非常同意我们的看法。他们只是没有足够的时间为抗震做应有的准备，尤其是海地还面临着其他紧迫的问题。"

2010年灾难性的那天到来之前，海地人民对于热带气候和地质活动所带来的苦难早已习以为常。那些"紧迫问题"接二连三、数不胜数。2001年到2007年间，热带风暴和洪水导致1.8万多人死亡、13.2万人无家可归，大约有640万人受到影响（而海地的总人口才约为1000万）。仅仅在2008年大西洋飓风季，海地就接连遭受热带风暴"费伊"，飓风"古斯塔夫"、"汉娜"和"艾克"的袭击，而且这些灾难都发生在一个月之内。这一系列热带灾难导致80多万人流离失所。

人口密集的太子港、海地其他地区以及整个伊斯帕尼奥拉岛，都是地震的灾区，一直饱受地震之苦。从法国奴隶殖民地的血腥镇压到争取

简况

- 死亡人数：31.6万
- 地点：太子港
- 时间：2010年1月12日

2010年1月12日，7.0级地震突然袭击，海地措手不及。作为一个贫穷的国家，海地无法承受其冲击。

保持民族独立（自20世纪80年代以来，帮派暴力问题一直十分严重），海地一直以来都默默地承受种种打击，因此地震之前，海地早已伤痕累累。

2010年1月12日，7.0级地震突然袭击，海地措手不及。作为一个贫穷的国家，海地无法承受其冲击。

2010年1月12日，漫长的一天过后，太子港以及海地其他地区复归平静，而北部的北美板块和南部的加勒比海板块之间上方的地壳开始了活动。加勒比海板块由西向东移动时，这两大板块缓缓地擦过。两大板块中间有一组纵横交错的断层线穿过海地，一条为横穿海地南部的恩里基洛−芭蕉园断层；另一条为贯穿海地北部的北方断层。这就产生了一种独特的地质结构，即所谓"走滑断层"，这种断层类似于贯穿加利福尼亚下方的圣安地列斯断层，这意味着两大板块之间相向滑动、交错而过，而非一个板块在另一个板块上滑动。

地震发生之前几乎没有警告，主要原因可归结为，2010年地震前，科学家对该地区及其地质结构研究极少。科学家们根本没有足够的数据资料来预测地震会何时发生，只知道这次地震随时会爆发。故此，地震爆发时，人们几乎没有时间疏散撤离。

下午4点53分，地震全力爆发。当时街道上仍然熙熙攘攘，道路上车辆川流不息。太子港全市的建筑物开始剧烈地摇晃。玻璃窗瞬间破碎，锋利的玻璃碎片像雨点一样撒落在街道上。海地人脚下的大地如痉挛般剧烈颤动，墙壁突然开裂，接着轰然崩塌。城市周围的山丘上，九层高的大楼向市内坍塌，瞬间将下面的高地夷为平地，扬起一片混凝土、碎石与瓦砾。

汽车鸣笛声不绝于耳，痛苦的尖叫声哭喊声弥漫在空气中。一堵堵混凝土墙壁猛然原地崩塌，碎石与瓦砾像纸片一样飞向其他建筑。此次

尽管整座城市经历了地震带来的死亡和破坏，但是海地人并没有因这场灾难而分崩离析。

地震并未造成任何地表破裂（即地震中心附近地面上并未出现巨大的地面裂缝或裂痕），但修正的麦卡利震级烈度表显示，此次震级烈度高达9级。在海地这个完全没有建筑规范的国家（海地人可在任何地方建造房屋，且可按照自己的意愿来建造房屋，无论其建筑方式多么不安全），此次太子港地震造成的后果之严重不堪设想。一幢幢破败不堪的房屋的废墟中，到处都是尸体。

地震逐渐平息后，余震开始，人们掀起了抗震救灾工作。政府对此次灾难的应对措施依然乏力，水车似乎给灾区幸存者带来了干净的生活用水，救援轮渡将太子港的灾民运送到西南部港市热雷米港及更远地方的附近避难所。接下来的几天里，政府此举引起了民众不满与抗议，不过，好在国际人道主义组织在几小时内便已抵达灾区，向灾区提供援助。联合国安理会一致通过第1908号决议，向海地派遣了由3500名军人和警察组成的联合国海地稳定特派团以协助海地人道援助、维护稳定和灾后重建工作。参加海地救援的国家很多，其中包括美国、英国、以色列、多米尼加共和国、加拿大、巴西。

意识到海地根本没有经济实力来开展和维持全面的灾后重建工作后，国际社会开始提供大量的救援资金，用实际行动使之成为真正的全球意义上的支援。欧盟提供了300万欧元的紧急援助资金，为最初应对措施注入资金，随后又提供了1.22亿欧元的人道主义援助。欧盟还发布了另一项3000万欧元的紧急救援方案，以确保现场有足够的粮食、药品和合格的鞋靴来救助受困者、保护地震幸存者。

对于乐施会（Oxfam）全球人道主义小组的应急粮食安全和生计支持（Vulnerable Livelihoods）负责人费丽帕·杨（Philippa Young）而言，亲身经历地震发生后的混乱令她

1770 年地震

2010年的海地地震是有史以来人类所见到的最具灾难性的自然灾害之一，这次地震残酷地表明，一场地震可能对沿海城镇造成多大的破坏。不过，就这次地震的毁坏程度和震级而言，2010年的地震并非海地第一次遭受地震灾害重创。

早在1770年，海地当时还叫圣多曼格（Saint-Domingue），是法国的殖民地之一，主要人口为居住在海地首都太子港附近的奴隶。

1770年6月3日下午7时45分，一场震级为8级的地震突然爆发，其后果是灾难性的。这次地震威力极大，太子港下方的土壤液化，大地塌陷，几乎所有建筑都崩塌了。太子港变成了废墟，大约造成250人死亡。短短几分钟之内，这块殖民地便几乎灰飞烟灭，就连那些躲过1651年小地震的建筑物也未能幸免，轰然倒地。当时有一个名叫"克鲁瓦德布凯"的村庄，遭到地震的猛烈重击，直接下沉陷至海平面之下。不久之后，一场海啸袭击了这座岛屿；但是，地震前清晰的隆隆声让大批人在地震前几次震动来袭之前就逃离了太子港。

虽然这次地震本身只造成了大约250人死亡，但地震之后的余波所造成的死亡人数要远远超出这个数字。成千上万的奴隶因太子港的土崩瓦解而获得了自由，整个太子港地区陷入了混乱。由法国殖民者建立的脆弱经济实际上已然崩溃，导致了灾难性的大饥荒。接下来的几个月里，1.5万多人死于饥荒。直到约250年后，此次地震才被证明是海地历史上所遭受过的最严重的一次自然灾害。

▲ 一名来自美国第二十三特种战术中队的空降救生员，解救了一名困在坍塌大楼内的妇女

见识到了地震对海地造成的破坏到底有多严重。"我是大约在地震发生后十天抵达现场的，"她解释道，"当时，一切都仍然混乱不堪。尸体尚未完全清理完毕；到处都是破损和被毁坏的建筑。我们入住的宾馆的一面墙还有一条大大的裂缝。我们之中大约有40名人员在宾馆的花园里安营扎寨，使用洗手间和淋浴间等设施都得排队等

候。银行全部关闭，人身安全很难得到保障，完全靠办事处为我们提供食品。人们就地搭起了一个临时餐厅，每天可供100人用餐，过了一段时间餐厅才正常运营。一开始，早餐提供的都是简单快捷的食品，6点多就有了，午餐直到大约下午3点才供应。由于四处奔波，忙前忙后，所以我们并没有真正感觉到饥饿。"

专家观点

卢卡·赫比·麦萨迪奥博士（Dr Luc Herby Mesadieu），海地国际助老组织计划和扶持（Program & Support, Help Age International Haiti）项目高管

您到达海地时，当时的情况如何？

助老会项目于2010年4月启动，其时正值海地遭受地震袭击之后。当时，海地灾情十分严重，尤其是大都市地区。受到地震的影响，灾民们的生活境况非常困难，无法获得最基本的生活用品。这种状况影响到了大多数老年人，这些人是最容易受灾情影响的群体，但是紧急援助措施却常常会忽略他们。他们的需求大部分都与健康有关。更具体地说，海地老年人缺乏专业的护理。此外，所收集到的特定年龄阶段的数据前后不一致，这也限制了对老年人的健康需求的全面有效的回应。有的老人甚至被遗弃在难民营中，或许这是家人或社区人员情急之下不得已而为之。由于没有生计，缺乏创造力和创收策略，老年人不得不完全依赖自己的家人和社区生活。

您如何确定哪里需要哪些援助？是否有一种可应用于所有案例之中的通行制度或存在一种能够沿用的普遍做法？

在援救的第一阶段，我们努力解决基本需求，如提供食物及生活用水，并分发卫生保健以及非食品类物品。但实际情况是，在助老组织工作人员的帮助下，生活在难民营的老年人被迅速组织起来，开始创建老年人营地协会并安排居家能从事的工作。国际助老组织与这些机构碰头，评估老年人的需求，以便更好地调整应对措施。每个协会都有与其居住地点有关的特定需求，而我们提供了个性化援助方案和基础需求，因此并不存在可适用于所有情况的某种方法。例如，生活在农村地区的老年人与生活在城市的老年人的需求并不相同。

您是否认为海地当时的状况若要改善所需的时间太长？抑或是，地震前的灾难和状况就意味着改善海地的状况需要花很长时间？

是的。海地易受自然灾害的侵害，而且经济状况不稳定，政治亦动荡不安。这场地震使局势进一步恶化，但我们曾希望这可以成为重建海地的契机。到目前为止，海地面临食品安全问题；弱势人群仍然生活在难民营之中；医护通道非常有限，大多数人的基本需求无法得到满足。

尽管整座城市经历了地震带来的死亡和破坏，但是海地人并没有因这场灾难而分崩离析。事实上，看到人们清理碎石与瓦砾全力解救受困市民时，杨见证了海地人的一种鼓舞人心的团结缅怀之情。"两名办事处工作人员在地震中丧生；我抵达海地几天之后，海地人为这两名工作人员竖了纪念碑"，杨在自己2010年的援助工

震后恢复中的海地

当一场震级足以袭击海地的大地震到来时，地球上任何一个沿海城市都会遭到重创。从遭到摧毁的住宅到濒临危险的核电站，地震可以破坏一个国家的稳定，或者完全让一个国家震后分崩离析。对于海地这样一个贫穷、不发达的国家而言（在人类发展指数上，海地是西半球最贫穷的国家，在全世界182个国家中排名第149位），恢复生计和重建家园就像这次大地震本身一样难以克服。

国际移民组织称，太子港约94%的市民已经离开了难民营以及其他临时场所。然而，至少还有8万名海地难民尚无"合适的栖身之所"，他们分布在全国各地剩下的105个难民营中。尽管如此，海地正开始重建，虽然速度不快。首都仍有一些遭到毁坏的建筑，但几乎所有的废墟瓦砾都已被清除了。2010年因遭地震毁掉的

著名的钢铁市场，如今已被一个五彩缤纷的新市场和一座钟楼取而代之。

地震发生后的几个月里，爆发了一场霍乱，致使整个海地的紧张局势持续加剧。到目前为止，这场霍乱已经夺去了8000名海地人的生命，受到地震重创的海地灾民为健康而担忧，海地人和救援人员之间产生了严重分歧。美国政府声称，是联合国人员将这次传染病带到海地的，但联合国驳斥了这一说法。

随后的一项调查表明，阿蒂博尼特河（海地及其周边地区提供饮用水和水电的水域）附近的一个联合国维和基地受到了污染。联合国否认是联合国维和基地造成这次污染，进一步的测试表明：这种霍乱菌株源于南亚，这就进一步扩大了将霍乱传播到海地的外部来源。

作记录中写道。"想到牺牲的工作人员时，所有海地员工都唱起了当地的歌曲，大家都牵起了手。这样的场面十分感人，结束后我忍不住躲到厕所里哭泣。"

"海地国家救援队令人十分敬佩，他们奋力完成救援工作。"杨补充道，"我们当地的工作伙伴热心地与我们合作，我们所到之处都急需帮助。我们深知，我们必须尽快得到援助，虽然一些紧急援助已经展开，我们依然努力找出最佳方

法来获得救援。临时营地到处都有。成千上万个灾民生活在高尔夫场地上以及他们能找到的任何空地上所搭建的帐篷里。"

这一众志成城的氛围弥漫着整个太子港及周围地区。虽然一场可怕的灾难席卷了海地，而很多人也曾经历了这场灾难，但这并不意味着海地人会因此崩溃、迷茫。海地人齐心协力，在各街头全力清理瓦砾、碎石和尸体，为需要的人送去日用品和医药用品，用充满希望的歌声和言语安

慰彼此。到处都是死亡，这一点无法视而不见，但到处也散发着生命的气息。不过，面对如此令人望而生畏的逆境，人们却依然心怀一种坚持活下去的希望。

余震过后，人道主义工作者仍有大量工作要处理。有350多万海地人受到此次地震的影响，其中许多人丧命，一次次余震破坏了企业、扰乱了正常生计，因此，人们开始在倒塌下来的建筑物影响不到的安全的地方搭建帐篷。余震终于平息了，但给太子港制造了惊人的1900万立方米的碎石和瓦片，这些碎石和瓦片足以填满一排从伦敦到贝鲁特首尾相连的货运集装箱。总体而言，太子港60%的市政建筑、80%的学校（大约4000个教育场所）以及南部和西部省份60%的学校遭到了摧毁或损坏。

那么，作为一支人道主义队伍，从哪里开始援助呢？ 在这么多人遇灾的情况下，如何优先考虑自己的人力和资源？杨和她在乐施会的救援同事们到达海地后不得不考虑这一问题。她说道："乐施会这样的组织在全球范围内都有一个通用的理念，即可以使用的援助标准，但这需要符合当地环境，也要取决于灾害的严重程度。""在海地，每个人都受到了地震的影响——非常贫穷的人已经一贫如洗，以前可以勉强度日的穷人如今别无选择。那些本来有潜在合理收入的人，比如商人，也失去了一切，毫无一丝靠自身力量恢复以前生活的希望。"

地震发生的地点、深度、严重程度以及防震措施的缺乏，给海地政府以及在首次地震发生数小时后便抵达海地的国际救援队造成了一系列

非常贫穷的人已经一贫如洗，以前可以勉强度日的穷人如今别无选择。

问题。要进入海地每个地区都是个难题，尤其是公路，因为大部分地区都布满了碎石、瓦砾和尸体，其中很多都是从太子港周围山上的房屋中滑落下来的。海地的公路原本条件就很差，如今大部分道路已无法通行。这就意味着，援救更大程度上需要依赖空运，而空运不仅代价昂贵，还难以在受灾面积如此广的地区组织起来。

"在地震之前，海地人就很贫穷，生活条件十分糟糕，所以很难将一般的贫困与地震造成的贫困区分开来，"杨在帮助受灾幸存者时回忆道，"安全问题也让人担忧，不过这个问题近年来有所改善。海地没有实行像样的建筑标准，而且海地人大多生活在贫民窟里，他们也没有土地。因此，大家不可能开始就重建房子，首先，

贫民窟本来就非典型的房子；第二，如果建房子，他们就可能违法；第三，根本没有真正像样的建筑公司可委以重建房屋的任务。"

既然这一地区多年来已经经历了数十次如此震级的地震，那么，这次地震为何还造成了如此大的破坏？答案在于三个非常重要的因素，这三个因素共同作用导致了此次灾难的发生。地震中心离太子港西南部仅10英里[①]，震源并非远在海上，而是来自陆地。这一情况虽然阻止了海啸的发生（或者至少一场足以造成巨大破坏的海啸），但由于地震中心靠近海地人日常生活的地方，所以，其所造成的破坏是灾难性的。

_____

① 1英里约为1.6千米。——编者注

▲ 市民乘坐渡轮撤离太子港

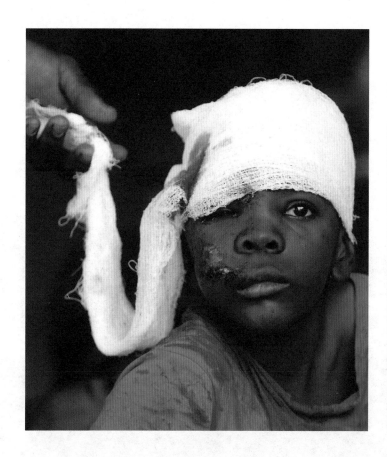

数据

2010年地震的精确震级为
7级

美国地质勘察局公布的
死亡人数为**10万**

密歇根大学2010年公布的
死亡人数为**16万**

据估计,**350万人**
受到此次地震影响

2010年首次地震后
检测到**52次余震**

海地第一次震动的时间为
16:53

　　增加地震破坏力的第二个因素与地震的深度有关。地震在地表以下10—15公里的深处开始爆发,但其无情的力量并没有因为穿透地球的各个层面而减弱。美国地质勘探局(United States Geological Survey)认为,2010年海地地震属于"浅层地震",地震发生地不仅靠近海地人口最多的城市,而且在几乎没有受到地质稀释因素的影响下发动了袭击。2008年召开的第十八届加勒比地质会议上,科学家们碰到的最后一个问题与路障有关:海地政府根本没有基础设施或者经济实力来支持地区内的防震防护工作。

　　七年过去了,海地的震后复苏之路依然任重道远。美国、欧洲部分国家和其他发达国家都相继提供了经济支持,但海地在经历了有史以来最严重的生态灾难后,依然在竭力又缓慢地"改善"自己。尽管注入海地以资助救援工作并帮助推动海地的经济复苏的资金共达135亿美元,但是,由于海地政府持续的政治内斗以及自霍乱爆发(2010年之前该疾病从未袭击过海地)以来普遍存在的不信任感,使人们意识到真正的改善,如确保新建筑具有抗震功能等,在现阶段几乎不可能实现。

　　海地仍然是一个对未来充满希望的国家,但这并不会改变其国土之下仍然存在的危险。作为地震活动和生态噩梦的地质热点,今后海地及其周边地区仍会遭受更多这样的自然灾害的侵袭。作为一个具有丰厚的文化意识的国家,一个即使在最黑暗的时刻也能心怀希望的民族,我们只能希望,当无法避免的"下一次"到来之时,海地能做好更充分的抗灾准备。

"纳尔吉斯"热带风暴

"纳尔吉斯"热带风暴登陆缅甸海岸时，
狂风、暴雨和瓦砾将房屋和人都撕成了碎片。

▼ 孩子们走过邻居的遗像，
人和房屋，都已不复存在

简况

- ■ 死亡人数：13.8366万
- ■ 时间：2008年5月2日
- ■ 地点：缅甸

2008年5月2日，"纳尔吉斯"热带风暴席卷缅甸南部，由此产生的风暴和洪水摧毁了伊洛瓦底三角洲（Irrawaddy Delta）大部分地区。这次灾难以及随后暴发的疾病，加之政府反应的不积极（起先缅甸政府拒绝救援机构入境救助灾民），造成大量人口死亡。

缅甸成了有史以来第二个最致命的热带风暴席卷之地。

　　缅甸，棕榈树的家园，旧称洪沙瓦底，素以人间天堂闻名于世。每天傍晚，海岸线西部的沙滩沐浴在玫瑰紫金色的晚霞之中。大海呈现出一种迷人的蔚蓝色，白色的沙子柔软撩人。如果你想在当地一家餐馆享用一份美味的当地小虾，随时可以潜泳或划皮艇去大海里尽情地捕捞一番。

　　春天，缅甸的空气温暖宜人，海水轻轻地漫到远处的浅海陆地，帮助当地人获得稳定的收入，因为游客都希望留下来品尝大自然的馈赠品。夕阳西下之后，越来越多的当地人和游客都会在海滩附近搭建的小棚屋里惬意地躺下，内心十分平静。

　　也正是这些地理条件，导致缅甸成为有史以来第二个最致命的热带风暴"纳尔吉斯"的席卷之地。

　　热带风暴、台风和飓风指的都是同类事物。

家破人亡

　　"纳尔吉斯"来袭时，他们紧紧相拥求生；风暴将周围的一切吹得东摇西晃，昂丹泰抓住一棵树，妻子紧紧搂住他的腰。猛烈的风暴袭击了他的妻子，把她弄得遍体鳞伤，并把她从自己的身边夺走。他们的三个孩子呢？三个小时之后，风暴渐渐平息下来，这位孤苦伶仃的父亲发现，树根下躺着自己一个女儿的尸体。水位齐胸高，他的另两个孩子也很可能被洪水淹没了。他再也没有找到家里的亲人；在繁忙拥挤的的街道上，他接受媒体的采访时如是说。这些灾民衣衫褴褛、脚步沉重、惊魂未定，他们在清理瓦砾以期恢复往常的生活。

　　这次热带风暴来袭之前，昂丹泰的家乡拉布塔地区（Labutta）曾有3万人，但该地区周围确认死亡或者失踪的人数却高达8万人。据估计，还有10万多人的遭遇跟昂丹泰一样。有的全家都幸存了下来，但却无家可归；有的只剩下母亲，风暴夺走了她们怀中的孩子。昂丹泰能康复吗？他年轻力壮，要不是他手臂上几道不显眼的伤疤，或许你永远不知道他曾有过异于常人的经历：这几道伤疤是他对家人永恒的记忆：那个可怕的夜晚，他紧紧抓住那棵树时，暴风雨将他的亲人一一从他身边夺走。

▲ "纳尔吉斯"热带风暴中一名男子求救未果而死亡

这头野兽嬉戏摆弄着金属质地的屋顶，直到厌倦，才干脆粗暴地把扭曲的薄板与碎片抛到大街上。

不同的称呼只表明它们在世界不同的地域开始其破坏之路。热带风暴的破坏路径或行进方向，取决于地球绕轴旋转的方式，它对"蹂躏"人类时所带来的破坏熟视无睹。在新闻报道中，我们所看到的各种旋风，恣意地从远方慢慢靠近人类，样子十分恐怖。

"纳尔吉斯"热带风暴于2008年4月27日在孟加拉湾形成。由于天气炎热，加之四周海水温度不断升高，来自地球大气层的低压造成大气恣意流动、"怒吼"并受到地球引力的刺激。空气向上移动，试图逃离令人窒息的挤压，当空气逐渐靠近目的地——目之所及的美丽村庄时，漫天乌云并下起了暴雨。狂风戏耍着海滩上的孩

童。这头狂躁的野兽逐渐加快了步伐之后，由于其速度和强度，人们当时就只以为这是一种热带低气压。5月2日，风暴成功登陆，狂风开始猛烈地拍打海岸线，大雨渐渐停息。

狂风最先来临。目击者们称，当时大概是夜间11点，大风呼啸而过。当沙沙作响的风儿略过没有任何装饰的木屋檐时，人们会听到一声低沉的呻吟，但这股力量却在放纵自己，刮走了房屋和市政建筑大楼外维系着法律秩序的路标，而这些路标本可以引导受到惊吓的人们如何到达安全的地方。

不久，海水也加入了。由于有那些梦幻般浅海的存在，地下没有墙壁来阻挡侵略者的步伐。

▲ 这是我们大家都熟悉的气象地图上热带风暴气旋的可怕样子

大风激怒了其挑战者，将滔天巨浪推向内陆，它们也许都想看看，联起手来究竟能够摧毁多少东西。等候着次日搭载乘客的悠哉悠哉的船只剧烈摇晃、上下颠簸，然后戏剧性地沉入大海。大风撬开了船只上的门框，继而直接将门框扯了下来，逆风挣扎着回家的人们，失去了立足点，被冲到海水下面。他们如同被烧伤的人一样——费力寻找遮蔽物，但却只发现海滩上脚步走过之处，那些细小的沙粒就陷下去，而后变成沉重的、浸满了水的碎片。强烈的风暴刮起这些碎片，猛烈地吹到人们身上，硬生生地把皮肤从人们的身上撕扯下来。

缅甸对这种风暴的侵袭习以为常。像"纳尔吉斯"这样的热带风暴，之所以被命名，是便于科学家们追踪研究。这样的热带风暴很多，它们持续很长的时间才会消散。人们每年都会举行相关的会议，预先协商好这些自然灾害的名字。

然而，缅甸人搞基础设施建设时，行政部署上缺乏远见。暴雨哗啦哗啦地涌入污水处理系统。由于压力过大，水管爆裂，未经处理的污水，包括人类的粪便，喷射到街道上和房屋中。污水蔓延到农田，增加了人类患病和感染疾病的风险（如果缺乏治疗，即使腹泻也可能致命）。高高的稻秆变得乌黑。没有受到污水影响的农田则受到海水的冲刷；由于大多数农民缺少资金购买新的农具（他们的耕牛都淹死了），庄稼地荒芜了。他们的生计和产业都遭到了严重的破坏。此次风暴最终在泰国边境附近平息。

一个月后，纪录片摄制组再次造访了缅甸灾后场地，他们漫步在原本充满诗意而如今满目荒凉的海滩上，时不时地注视着仍然漂浮在水面中的尸体。镜头聚焦在逐渐腐烂的尸体上：一个死人的脸上盖着一团杂物，若没有这团覆盖物，他就像穿着被大风吹得鼓起来的蓝色短裤，悠闲地划着小船；另一段视频里，一个死者粉红色、柔软的鼻孔里有一些虫子爬来爬去。一个浮肿的死婴趴在地上，头朝左，眼睛闭着，这个孩子显然是被风暴从孩子父母身边夺走的。灾难发生后数周，这些尸体就这么直挺挺地躺在那儿。事实上，由于仓促下葬和洪水退去后地貌不断地变化，已经掩埋的尸体甚至开始重新浮出地面。据当地人说，他们可以闻到空气中腐烂尸体的刺鼻臭味。

这一切灾难都是由野兽般凶残的热带风暴造成的，所谓天灾无情。据称，持续性的破坏是这场灾难后续反应的结果。成千上万的幸存者拥挤在临时搭建的避难所里。虽然腐烂的尸体污染了土地，但是活着的人必须寻找食物和干净的饮用水。

许多死者的尸体从未被正式记录在案。有人认为，有些尸体已经腐烂，很难找到。为了预防疾病，人们还私下掩埋了一些死者的尸体，有些尸体甚至被冲到了海里。

国际救援终于到达了灾区。包括英国在内的一些国家提供了资金、食品和帐篷，还为幸存者提供了抗灾培训。人们仍旧可以憧憬未来美好的生活，只要人性光辉尚未丧失，天堂就还存在。

▲ 由于热带风暴把途中的一切都抛到地上，重金属路标变成了致命的金属薄片

数据

据联合国统计，**240万人**
在这次热带风暴中受害

根据联合国统计，只有不到**一半**
的灾民受到了援助

据估计，**13.8万人**死亡或失踪

据估计，缅甸此次损失达**129亿**美元

5万英亩①农田遭到永久破坏

此次热带风暴的最高时速为每小时**135英里**

风暴袭击缅甸时，**2.6万人**居住在三角洲地区

低洼地区**90%—95%**的建筑物遭到破坏

此次风暴潮高为**12英尺②**，
即风暴发生时潮水高出海平面12英尺

---

① 1英亩约为4046平方米。——编者注
② 1英尺约为0.3米。——编者注

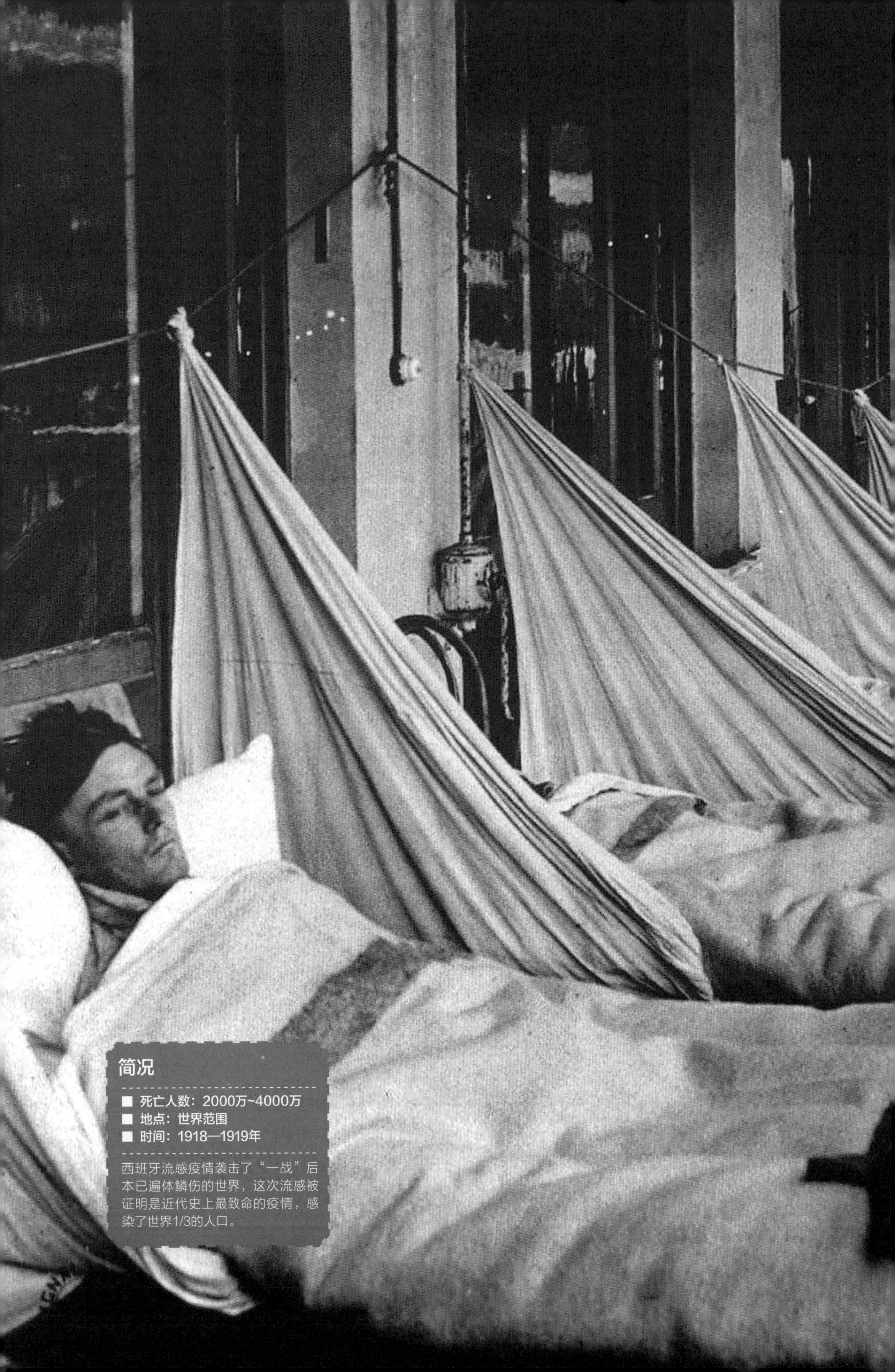

简况

■ 死亡人数：2000万~4000万
■ 地点：世界范围
■ 时间：1918—1919年

西班牙流感疫情袭击了"一战"后本已遍体鳞伤的世界，这次流感被证明是近代史上最致命的疫情，感染了世界1/3的人口。

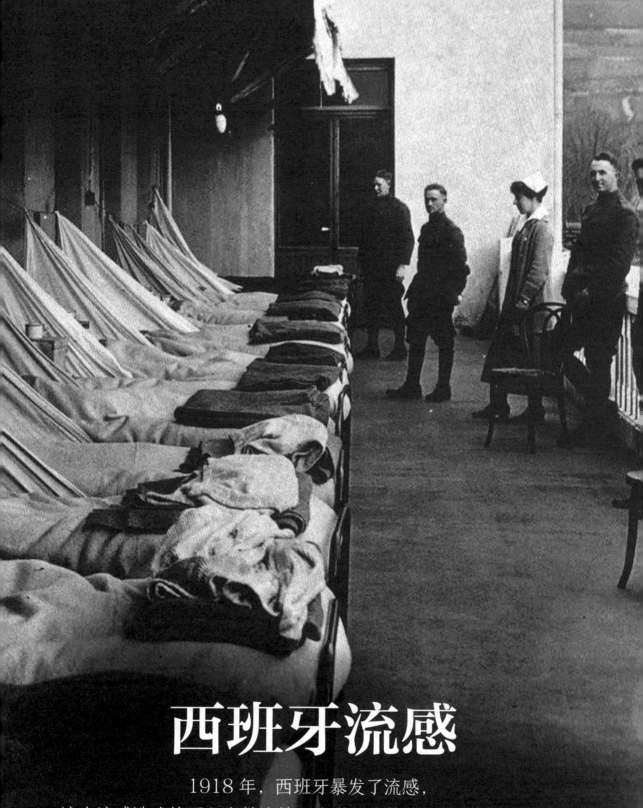

西班牙流感

1918 年，西班牙暴发了流感，
这次流感造成的死亡人数比第一次世界大战死亡的人数还要多。
一种病毒为何会有如此致命的杀伤力？

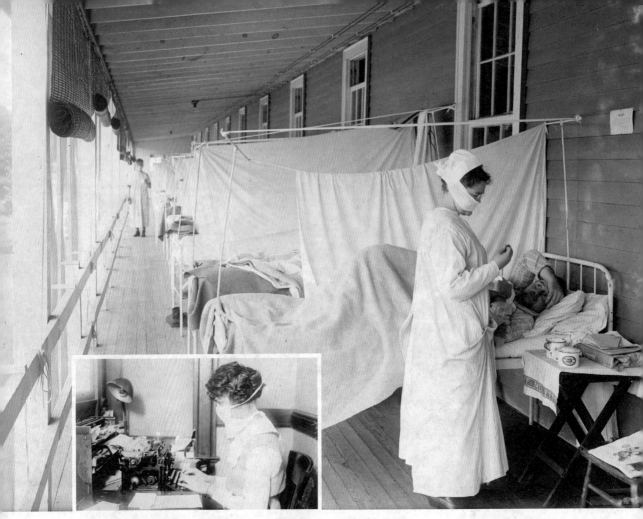

▲ 华盛顿特区的沃尔特里德医院，一名护士正在露天画廊里检查病人的身体状况

一群孩子开心地在伦敦的一座公园里玩耍。他们玩得非常高兴，咯咯咯地笑着，因为学校董事会让他们的学校停课一周，给了这群孩子一些意想不到的自由玩耍时间。此时，通往公园的街道都比平常安静；当孩子们经过大人身边时，大人们抓起围巾，捂住自己的嘴巴和鼻子，有些人甚至带着古怪的面罩，就像受伤的士兵从战场回来后一直戴着的面具——为了防止孩子们看到自己回家时身上所带有的烧伤和疤痕。孩子们开始唱歌，虽然孩子们身边的大多数成年人，都将自己关在家里或公寓里，窗户紧闭，但他们仍然能听到孩子们清脆响亮的歌声：

曾经有一只小鸟
它的名字叫恩扎（流感）

我把窗户打开
恩扎便飞了进来……

孩子们唱的这首歌词中反映出，开心玩耍的背后，是人们对流感真实的恐惧。一种被称为西班牙流感的流行性感冒，不仅袭击了当地，还袭击了更广的地方。此流感传播十分迅速，袭击各类人群——年轻人、老年人、病人和身体健康的人都受到了感染，这些患流感的人中，至少有10%的人会死亡。

当时的世界刚刚经历了一场恐怖的战争。许多家庭看不到家中的父亲、兄弟或丈夫从战场上归来，而有些家庭终于等到了他们的亲人，但是这些人因为身体或精神上受到战争的折磨而变了样。就在他们从战场回来的时候，那些留在家里的人希望世界能恢复到原来和平美好的样子，希望自己能重新过上和平幸福的生活，但是显而易见，等待他们的却是一个更致命的威胁。

这场战争甚至可能是西班牙流感疫情的罪魁祸首，而这次流感造成了全世界范围内的死亡。直到战争结束，在法国北部狭窄、肮脏、潮湿的战壕里作战的许多士兵，开始生病了。人们把他们容易患病归结于战争经历所导致的"厌世情绪"——士兵们的免疫系统受损，营养不良，这就意味着他们的身体不够强壮，无法抵御疾病。患病的士兵们不能吃东西，他们喉咙痛、头痛。他们所患的疾病被当地人称为流行感冒①，具有传染性，并在众多士兵中传播开来。大多数人在患病约3天内会感觉好些了——但并非所有

① 流行感冒（la grippe），来源于法语。——译者注（如无特殊说明，本书脚注均为译者注）

人的病情都会有所好转，也不是所有人都能顺利回家。

35岁的里奥·曼斯菲尔德·马修斯中尉（Lieutenant Leo Mansfield Matthews）自1916年9月以来，一直在法国前线义务服役。他于1918年6月25日在医院辞世，战友们回忆说他是一个开朗、聪明、自信的人，"即使在最沮丧的时刻"，他也能让战友们振作起来。

1918年夏天，参加前线作战的军人们开始乘火车返回英国。他们携带着让自己患过病却未被检测到的病毒，这种病毒蔓延到了各个城市、城镇以及村庄。对士兵们的家人来说，恐惧和悲伤很快就取代了亲人的回家之乐。很多士兵都无法很快康复。这种病毒专门侵袭年轻人，尤其是之前非常健康的20岁到30岁之间的年轻人。《泰晤士报》报道，"那些人的身体素质很好，

▲ 1918年，加拿大农民试图保护自己免受西班牙流感的侵袭

一位电影明星之死

哈罗德·洛克伍德（Harold A Lockwood）是西班牙流感受害者中身份非同一般的一位。哈罗德于1887年4月12日出生在布鲁克林，在新泽西州纽瓦克长大，父亲是一名马匹饲养员。后来，哈罗德成为一名美国无声电影演员，也是20世纪前10年最受欢迎的日场偶像之一。

与他同时代的许多明星一样，哈罗德的演艺生涯始于歌舞杂耍表演；1910年，哈罗德才正式转战新兴的电影行业。《沙漠新闻》上刊登的哈罗德的讣告称，"……自那时起，哈罗德的演艺生涯便如日中天"。他和梅·艾莉森（May Allison）搭档出演了20多部电影，这对搭档成为当时一对炙手可热的浪漫荧幕情侣。他还在电影《风暴之乡的苔丝》（Tess Of The Storm Country）中与玛丽·皮克福特（Mary Pickford）演对手戏，而且导演、制作了多部电影并参与其中表演。他还定期为《电影杂志》一个专栏撰写文章。

一战期间，哈罗德在国内前线工作，帮助售卖一种名叫"自由公债"（Liberty Loans）的政府债券。他同时也继续着自己的电影事业。1918年，他开始在曼哈顿拍摄电影。但是，他后来因患上了西班牙流感而病倒，接着流感发展成肺炎。1918年10月19日，31岁的哈罗德·洛克伍德在纽约伍德沃德酒店（Hotel Woodwar）去世，留下了孤苦伶仃的妻子和10岁的儿子。三天之后，他被安葬在布朗克斯（Bronx）区的伍德劳恩（Woodlawn Cemetery）公墓，他所拍摄的电影不得不用替身完成拍摄。

报上哈罗德的讣告中指出，除了短暂的歌舞杂耍表演生涯，"除了在电影中，他从未出现在公众视野中，他是位成功电影明星的典范之一"。《电影剧》杂志也同样赞赏哈罗德，称其为一位谦谦君子，一名称职的电影工作人员，一个真正意义上的"……诚实正派、充满活力、值得尊敬的年轻美国公民"。

哈罗德的许多电影都持续在影院放映。1920年底，也就是哈罗德去世两年之后，《百老汇法案》（Broadway Bill!）（1918年）在伯威克（Berwick）的展馆电影和综艺剧场上映，而与此同时《荣誉化身》（A Man of Honor）则在朴茨茅斯市（Portsmouth）上映。

上午10点就能开始工作，但是中午就病倒了"。

最初的症状就是头痛、乏力，逐渐会干咳、频咳、食欲不振、胃部不适，然后第二天，就会大量出汗。随后，呼吸器官可能开始受到感染，接着就会发展成为肺炎。19岁的伦敦人霍华德·布鲁克斯（Howard Brooks）就表现出了上述症状，他得了流感，后来死于肺炎。27岁的海军教官乔治·卡特（George Carter）也遇到这种情况，他死于一次流感引发的脓毒性肺炎。当时没有抗生素——没有任何药物能让他们变好。医生只是建议人们多去呼吸新鲜空气、保持卫生清洁、健康饮食，以及"不断地消毒"。

从1918年1月起，媒体报道了许多人死于流感的病例，但并没有明确指出这些病例之间到底有何关联；相反，他们认为病例彼此孤立，毫不相关。英国有人死于流感，但西班牙才是最早发现受到流感侵袭的国家之一，因而也受到了更多关注。然而，直到1918年5月，西班牙驻伦敦大使才指出，"西班牙暴发的疫情并不严重。该疾病表现出流感症状，伴有轻微的胃功能紊乱"。

一周之后，曾将西班牙大使的公关报道作为真实的声明的《泰晤士报》的态度出现逆转。到此时，10天之内，西班牙已有700人死亡。当时，有人报道，自病毒"在马德里出现"以来的两周内，马德里已有10余万人受到感染。这时，媒体对自己之前乐观的报道口吻深表后悔，并声称疫情"已经不是开玩笑的事情"。至此，流感已经蔓延到西班牙之外，到达了摩洛哥。西班牙国王阿方索十三世（Alfonso XIII）及部分政坛领袖也患上流感而病倒。在诸如学校、军营和政府大楼等人们工作或生活集中之地，有30%到40%的人受到病毒感染。马德里有轨电车系统的出车不得不减少，电报服务也受到影响，这两种情况出现的原因都一样：疫情严重，健康的员工人数减少。医疗服务和物资供应行业顿时压力增

人们认为，英国大部分地区天气潮湿，这种气候或许会阻止流感的传播。

大，但都无法应对疫情所造成的局面。

不久之后，有报道称，西班牙流感已经蔓延到欧洲大陆的其他国家。其中一名感染者地位很高，此人便是土耳其的苏丹：1918年7月5日，《每日镜报》报道土耳其苏丹死亡，"……土耳其苏丹无足轻重，因为他完全处于其顾问们的股掌之中"。"维也纳和布达佩斯也饱受疫情侵袭之苦：德国和法国的部分地区也受到类似影响。据报道，柏林不少学校的许多孩子都染了病，辍学在家；在武器军备和军火工厂，工人的缺勤影响了生产。在法兰克福的很多工厂里，患上流感的工人人数高达50%。随后，流感蔓延

到了瑞士。据当时的报道，瑞士军队中有7000人染上流感。生活在特拉弗斯山谷（Vale de Travers）的莫蒂尔斯人（Motiers）有一半染病；由于健康的员工短缺，电报和电话服务都受到了影响。

起初，人们认为这种流行病仅局限于西班牙，不过他们也注意到，男性比女性更容易感染此病毒，成年人比孩子患病的风险更大。当疫情发展成一种大范围传播的流行病，扩散到瑞士时，人们再次强调，年龄在20至40岁的男子患病的风险最大。但是，也有人说，"中年走下坡路"的人，一旦感染此病毒则更有可能死亡，因

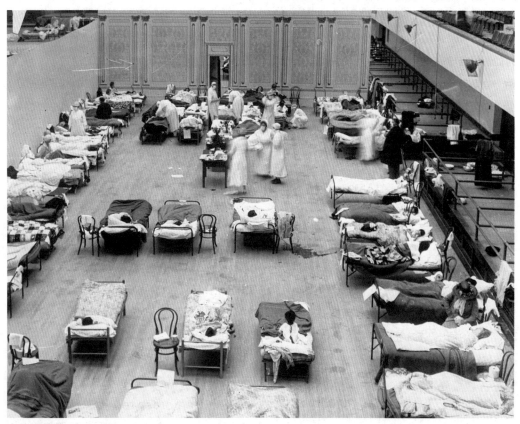

▲ 被征用为临时医院的一座礼堂

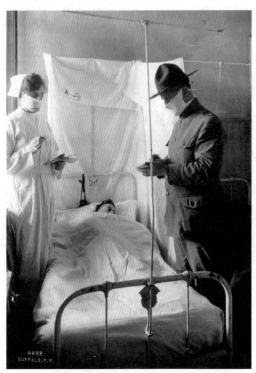

▲ 军队医院里，医生把病人的床头方向相反放置，这样病人就不会呼吸到彼此口腔中呼出的气体

为他们很难与这些症状"抗争"，只能简单地服用一些奎宁①，然后抱着热水瓶取暖睡觉。

"西班牙流感"一词在英国迅速扎根。英国媒体将造成"西班牙流感"的原因归结为西班牙的气候条件：西班牙的春天干燥多风，是个"令人不舒服的不健康的季节"，大风将携带微生物的灰尘传播开来。所以，人们认为，英国大部分地区天气潮湿，这种气候或许会阻止流感的传播。

第一次世界大战爆发后，不少群众对国际问题产生了兴趣，因此他们了解到这种传染病，并与朋友讨论，预计疫情会蔓延到英国沿海。此时，阴谋论层出不穷：是否是德国人携带着含有从各种已知病毒中培养出来的细菌的试管，试图

① 奎宁（quinine），俗称金鸡纳霜，指的是由茜草科植物金鸡纳树及其同属植物的树皮中提取合成的一种重要的抗疟疾药品。

感染其他国家？或者说，是不是"戏剧性神秘之国"俄国之错？ 当德国军队遭受这种传染病袭击，许多士兵染病，无法作战时，前一种阴谋论便在6月底被证明不实。这种病毒的副作用之一是，患者看起来有严重的抑郁倾向，对生活缺乏兴趣，这种症状被看作那些想要破坏士气的人凭空捏造出来的。据报道，一名受害者说："这种传染病能让人丧失斗志。" 此语概括了遭到病毒感染之后不太为人所知的危险。医生不知道该向病人推荐何种预防手段或者治疗措施，只能敦促他们尽量避开拥挤的地方，或者干脆说避开他人；其他的治疗方法，包括吃肉桂，喝葡萄酒，甚至喝富氧的果肉饮料；要保持乐观，多想想开心的事情。当有报道称盟军在法国前线度过了愉快的一周时，有人猜测这可能是得益于流感的帮助，据称"……不受欢迎的流感正在德国各军队之间传播"。这时，英国媒体用英国人的表达方式指出，曾经不可一世的德军竟然被一种普通的病毒击倒，真是匪夷所思。

或许，阴谋论的泛滥不可避免。战争期间，英国媒体要接受审查；如果媒体早些时候就意识到流感的严重性，那么这可能还会影响整个国家的士气。但是，西班牙没有媒体审查制度，因此报界在其版面上刊登关于这种疾病的报道和评论便更加自由。这就导致人们错误地认为，此流感是一种西班牙特有的疾病——西班牙流感因此得名。同样，正如英国媒体所表现的那样，为了强调流感对敌人的影响，加之德国军队的宣传效果很好，所以英国政府兴味十足地在报纸上着重强调"外国"的病例，但却淡化了流感对本国军队和平民的影响。

直到1918年6月25日，英国人才认识到，西班牙的疫情已经蔓延到本国。当天，在赫特福德郡（Hertfordshire）希钦（Hitchin）乡村委员会的一次会议上，议员们听取了莱奇沃

医生不知道该向病人推荐何种预防手段或者治疗措施，只能敦促他们尽量避开拥挤的地方，或者干脆说避开他人。

思（Letchworth）两个工厂汇报的600例流感病例。医学专家建议人们尽量不要去电影院以及其他人流量大的地方，同时出门时要遮住嘴巴和鼻子。在起初的9天里，200名流感患者在贝尔法斯特（Belfast）济贫院的医务室里得到了治疗，仅在一天之内就上报了45个病例。与此同时，卡迪夫（Cardiff）中心邮局的40名工作人员都患上了流感，哈德斯菲尔德（Huddersfield）的所有学校因疫情而停课一周。到了周末，也就是6月28日，英国媒体在报纸上刊登了一则公告，提醒人们要注意这些症状。但事实证明，这实际上是一则推销福满薄荷片（Formamints）的广告；福满薄荷片是一家药品公司生产并出售的一种药片，该公司同时兼售萨纳托金维生素（Sanatogen vitamins）。该广告称，这种薄荷片是"预防传染性病毒的最佳方法"，男女老少每天都应该含服4~5片，直到感觉精神良好。即便从来日无多的人身上，"药物"广告也能赚钱，尤其是在医学界似乎缺乏更对症的想法时。

截至7月初，疫情已重创伦敦纺织业，仅一个晚上，一家工厂400名工人中就有80人病倒。据说，在伦敦，当时有15%到20%的劳动力患上了流感。在萨里郡（Surrey）的埃格姆（Egham），仅一天之内，一所学校就报告了133起病例，许多矿工病倒，以至于诺森伯兰郡（Northumberland）和达拉姆郡（Durham）的采矿产量急剧下降，而在诺丁汉郡曼斯菲尔德（Mansfield, Nottinghamshire）的一个矿井中，一天内就有250名矿工病倒。城市中心受到的流感袭击尤为严重，其中诺丁汉（Nottingham）、莱斯特（Leicester）和北安普顿（Northampton）人口的病毒感染率都很高。据推测，这是因为以上城市的许多工人都在室内工作，而"从事户外工作的人对流感实际上具有较强的免疫力"。

一旦某个人受到感染，其他人很快就会被传染。在威斯敏斯特市的圣文森特德保罗（St Vincent de Paul）修道院，一名13岁的女孩死

▲ 正如这张公共卫生海报所显示，人们认为随地吐痰会加快西班牙流感的传播

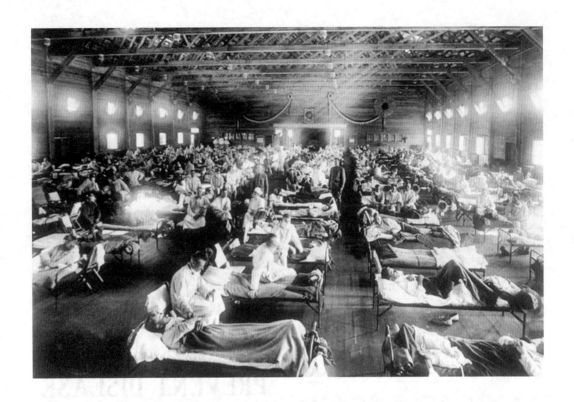

于流感。据信，她已感染了该修道院的其他62名修女。德特福德郡（Deptford）有两名10岁的小男孩丧命，验尸官在他们的尸检报告中暗示，他们应该每天早上用盐水漱口、冲洗鼻孔，以避免感染。伯明翰市的医生说自己已经"无能为力"，根本无法应对如此众多的病人。一天清晨，一名医生来到自己的手术室，竟然发现有近200名病人正在等待着自己救治。由于寻求医治的人数量太大，曼彻斯特市的药剂师配药时不得不引入一种排队人数限制制度。流感还以各种意想不到的方式蔓延着，一名男子因犯重婚罪按理将在巡回法院受审，却因感染了西班牙流感而逃过一劫。究竟是因为他病得太重而不能出庭，还是法庭官员害怕被其传染，尚不知晓。另一个是约瑟夫·杰克逊（Joseph Jackson），他是一名退伍军人，他声称自己患有战斗疲劳症①，因

酒后袭击一名警员致其严重受伤而被判6个月监禁。他辩解说自己一直患有西班牙流感，一位朋友告诉他，喝高浓度的啤酒就能治好这种病。于是，他听从了这位朋友的建议，没想到最后却落得袭击警察的罪名。

谢菲尔德市（Sheffield）禁止14岁以下的孩子去看电影，因为地方治安官认为此举将有助于"根除"流感疫情。罗瑟汉姆郡（Rotherham）监护理事会的一次会议上，书记员报告说，理事会主席因染上流感缺席，一名可怜的法律监护人亦因此病缺席；此外，当地的护士长、3名护士、5名军队护士以及1名工程师都患病缺席。这位书记员自己的妹妹则刚刚死于西班牙流感。

健康工人的缺乏影响到日常生活的各个方面。市政议会工作人员不得不为死者挖掘坟墓，铁路工人被迫制作棺材，救护车司机的车辆现在成了灵车。正如以往历史上的灾难，在过去的几

---

① 战斗疲劳症，一种精神疾病，由参加战争引起的。

尸体堆积成山，家人们不得不为自己的亲属挖掘坟墓。

个世纪里，瘟疫一直困扰着英国。由于流感的死亡率高以及流感对幸存者的影响，给医疗服务带来了不小的压力。

此流感迅速扩散，在世界各地蔓延开来，成为一种全球性的传染病。1918年8月，6名加拿大水手在圣劳伦斯河上死于一种"……奇怪的疾病，人们认为此病是西班牙流感"。同月，瑞典军队、平民以及南非劳工中都发现了此病例。接下来的一个月，流感通过波士顿港口到达波士顿；到10月底，美国已有近20万人死亡。尸体堆积成山，家人们不得不为自己的亲属挖掘坟墓。农场缺乏工人，影响了夏末庄稼的收成。英国其他服务行业，如垃圾收集工作，由于缺乏人力和资源，承受着较大压力。

与英国一样，对于如何最有效地做好流感预防工作，有人给美国人支招，但这些建议相互矛盾、令人不知所措。比如，有人建议不要和别人握手，要闭门不出，不要触碰图书馆的书籍，记得出门戴口罩。学校和剧院不得不关门，政府颁布一部卫生法规，文中明确规定，在大街上随地吐痰属于违法行为。人们一度指责，使用阿司匹林是造成疫情的原因，而实际上，使用阿司匹林或许有助于疫情的缓解。

在美国，流感病毒袭击了来自社会各个阶层的人。据说，伍德罗·威尔逊（Woodrow Wilson）[1]总统也感染上了病毒；1918年12月，被称为"多伦多巨富之一"的考夫拉·穆洛克（Cawthra Mulock），因为感染此病毒客死纽约。美国海军中40%的官兵病倒。某天晚上，有4名女士坐下来打桥牌，结果第二天只有1人

---

[1] 伍德罗·威尔逊（Woodrow Wilson, 1856—1924），美国第28任总统。

▲ 1918年，在华盛顿特区，红十字会紧急救护站两名工作人员正在提供服务中

GREEN LAKE

ENTRANCE

▲ 西雅图禁止未戴口罩
的人乘坐有轨电车

能起床，其他3人都一夜之间命绝于此病。据估计，28%的美国人感染了这种病毒。

其他地方的死亡率甚至更高。这种流行病蔓延到了亚洲、非洲、南美以及南太平洋；在印度，每1000人中就有50人死于流感，这个数字多么可怕！随着第一次世界大战结束，紧接着流感变成了一场新的战争，世界各地人民都在与之做斗争。再来看看英国，1918年11月，下议院听取了一份来自战争部的报告，此报告是关于英国士兵感染西班牙流感的人数。10月，英国军队中有421名官兵因流感客死法国，1000余名流感患者患上肺炎。9月，法国有近2.5万名流感患者住院治疗。这仅仅是一个月的数字，一个具体职业的数字，一个国家的一个地方的数字。在全球范围内，数据要大得多，甚至大得难以想象。

然而，到1919年春天，有报道称，各地死于西班牙流感的人数正在下降。但这并不意味着流感很快就会结束。1919年3月，就在一则流感患者案例减少的报道中，一家苏格兰报社还报道阿伯丁郡圣库姆斯（St Combs in Aberdeenshire）威尔逊一家为3名家庭成员举行葬礼。而且，就在送葬队伍即将到达教堂墓地时，又有1名儿童死亡。他们的死亡表明，这个家庭"……实质上被西班牙流感弄得支离破碎"。尽管流感最终逐渐消失，但是许多国家为此伤痕累累；同时也表明，医学界在遏制流感蔓延方面，根本不能为力。西班牙流感与500年前黑死病在世界各地肆虐时造成的极大破坏几乎如出一辙。

今天，一位妇女坐在她家的公寓里，公寓位于英格兰中部郊区。她快要满百岁了，乐天知命，她享尽天年且这一生丰富多彩。但是，谁都猜不到她的人生开端更富有戏剧性。1918年，她母亲怀着她时，她的父母都染上了西班牙流感。大多数人担心其母亲的性命危在旦夕，可意想不到的是，她出生3周前因病去世的却是她的父亲。即使在21世纪的今天，仍不可否认，西班牙流感改变了很多人的生活，人们也永远不会忘记西班牙流感曾影响过自己以及家人。

数据

全世界有

2000万到4000万人

死于西班牙流感

估计 **67.5万** 美国人死于西班牙流感

全世界 **5亿人** 感染了西班牙流感病毒

由于西班牙大流感肆虐，
美国人的预期寿命平均减少了 **12年**

22.8万 英国人死于西班牙大流感

西班牙流感感染者的死亡率为 **10%—20%**

世界上唯一

没有暴发西班牙大流感的地区是巴西亚马逊三角洲的马拉霍岛

西班牙大流感达到高峰的年份是
1918年至1919年 **（两年）**

3000名 中国劳工团的劳工
出现类似流感的症状

有 **5万** 加拿大人死于西班牙大流感

意大利中部地震

2016年的意大利中部的阿马特里切（Amatrice）小镇

一场以风景如画的阿马特里切小镇为中心的地震将小镇夷为平地，造成297人死亡，另有数百人受伤。博物馆、教堂等丰富的文化遗产遭到地震的严重破坏而不复存在。

简况

- 死亡人数：134
- 地区：加勒比海、美国
- 时间：2017年

"厄玛"形成于埃塞俄比亚高原上空滚滚而来的一团云状物。在大西洋上空遭遇到温暖的海水后，这些云彩"成熟"后就会变成飓风，而"厄玛"则发展成人类有史以来最强烈的热带风暴之一。9月6日袭击加勒比海时，风速达每小时185英里的飓风"厄玛"摧毁了沿途的一切。

飓风"厄玛"

2017年9月,飓风"厄玛"抵达后,其所经之地留下的一系列破坏,提醒人们大自然的狂暴以及其对地球上生命的漠视。

后来的事实证明,即使对于经常遭受飓风袭击的国家来说,2017年也确实是灾难性的一年。科学家、媒体和老百姓都在谈论,异常恐怖的风暴的发生频率明显增加,气候变化是否对其有直接影响?

虽然2005年出现了更多著名的风暴和飓风,包括飓风"威尔玛"和飓风"卡特里娜",后者对路易斯安那州和新奥尔良市的破坏,发展成了一场惨痛的悲剧,但是,2017年的一系列恶劣天气造成高达数千亿美元的损失,受风暴影响地区的废墟清理工作的成本越来越高。以往百年一遇的飓风现在成了一年一次的常客。基础设施遭到破坏,需要不断重建,为此国库资金大量流失。这也意味着,富裕的国家必须加强对相对贫穷的加勒比海岛国的援助预算和人道主义救助。为了防止飓风大范围破坏,不管进行的预先规划或加固建筑的数量有多大,飓风造成破坏的经济成本都十分昂贵。

大约飓风"厄玛"横扫加勒比海和美国南部各州的一周之前,飓风"哈维"在墨西哥湾肆虐,给位于得克萨斯州的休斯敦造成了大规模的破坏。由于地势低洼,休斯敦很容易发生洪涝灾害。"哈维"和"厄玛"沆瀣一气,野蛮地袭击了美国南部海岸地区。飓风"哈维"在好几个方面打破了纪录。如热带风暴降雨量达到有史以来的最大值,为1539毫米,暴雨淹没了街道和居民区。清理工作耗资数千亿美元,更不用提对当地经济的重创。2017年总共爆发了6场大型飓风,其中飓风"厄玛"从东向西波及650英里,成为有史以来第二大的大西洋风暴,其最高风速达到每小时185英里,持续时间长达37个小时。

热带地区的飓风季节一直让人捉摸不透,但是只要有计划、有准备,不管何种风暴来袭,人们依旧可以采取措施加以应对。飓风巷里长大的人在一定程度上已经习惯了飓风的侵袭。不过,飓风发作得越来越频繁且猛烈的势头已十分明显,当地人需要不断保护并安置好自己的财产以随时抵御自然风暴的破坏力。飓风"厄玛"之后,很多人哀叹,刚刚度过了去年可怕的飓风季节,最糟糕的事情又发生了。许多人一无所有,因为风暴席卷了自己的房屋和财产。物质损失大到令人惊悚的程度。如果你的家真的被风暴卷走了,只剩下身上的衬衫和一堆令人麻木的废墟要清理,你会有什么感觉?

自1924年以来,有案可稽的33场5级飓风中(根据萨菲尔-辛普森飓风等级划分),就有

▲ 这是美国国家海洋和大气管理局"飓风猎手",于9月5日飞行穿越飓风"厄玛"的风暴中心时拍摄的一张非同寻常的照片

11场发生在过去14年之中。海洋温度的上升是否与这些特大风暴的发生频率直接相关呢？在过去的100年里，海洋温度上升了1摄氏度。极地冰盖的融化也意味着海平面上升，直接影响到了沿海地区和沿海平原。事情要是这么简单就好了。有些年份情况更糟糕，因为还叠加了其他气象因素，比如撒哈拉沙漠的尘埃、赤道附近的暴雨以及大风。但是，也庆幸由于这些因素阻碍了事态的发展，这意味着，环境条件并非总是有利于最猛烈的飓风发展，因为必须满足空气循环条件。

旅游业是加勒比海地区的经济命脉。每年都会有数百万人涌向这些热带天堂般的诸岛，享受阳光，放松身心。加勒比海地区旅游宣传手册上的宣传或许与日常的真实情况并非总是相符，但是，这里松绿色的海水确实令人兴奋不已，联想起加勒比海海盗以及埋藏在海底的宝藏，加之，对难忘的时光的期待，不免令人心驰

神往。然而，2017年夏末，飓风"厄玛"把人们品尝朗姆鸡尾酒和惬意地躺在吊床上休息的乌托邦，变成了人间地狱。飓风"厄玛"总计登陆了7次，给美国大陆部分城市、小镇以及人口只有几千人的几座小岛上的村庄造成了彻底的破坏。飓风"厄玛"（飓风峰值时强度为5级）猛烈地袭击了巴布达岛，就像拳头猛地击中柔软的肌肤，随之而来的巨浪导致部分地段的水位高出海平面8英尺。巴布达岛95%的基础设施遭到破坏，包括一条机场跑道。通信完全中断，当局下令市民撤离，这还是300年来巴布达岛首次遇到这样的情况。权威人士认为巴布达岛已不宜居住。除此之外，古巴和波多黎各都遭遇了严重的洪涝灾害。由于佛罗里达群岛（Florida Keys）部分低洼地区的水位高出地面达5到6英尺，风暴激浪和潮汐给这些地区造成了巨大的损失。即使飓风"厄玛"后来变弱降为4级风暴，它依然给当地拉响了7次警报。在佛罗里达的橙子林，"厄玛"给农业企业造成了7.5亿美元的损失，据估计，50%的水果种植园受到了飓风的影响。"厄玛"摧毁了水果的批发业务，而水果业是该地一项重要的出口业务，其恢复将对2018年产生连锁效应。果园或被夷为平地或被淹没在水下。佛罗里达州柑橘部（the Florida Department of Citrus）发言人雪莱·罗塞特（Shelley Rossetter）告诉佛罗里达州《坦帕湾时报》（Tampa Bay Times）："由于需要重新种植果树、恢复生产，我们需要两三年的时间才能从飓风'厄玛'中完全恢复过来。"

由于加勒比海诸岛和其他地区的许多居民都极不愿离开自己的家园，大量目击者都描述了

飓风"厄玛"把人们品尝朗姆鸡尾酒和惬意地躺在吊床上休息的乌托邦变成了人间地狱。

加勒比海地区救灾工作

加勒比海地区包括众多主权国家和西方国家一些独立的海外领地,这些领地与以前的殖民统治者渊源很深、联系密切。当"厄玛"横扫热带地区,接连袭击众多岛屿时,幸存者们担忧自己弹尽粮绝,无家可归。当时,英国、法国以及荷兰等国或并未伸出援手,或反应不够积极。人们指责这些国家面对重大的生态灾难缺乏准备。当然,有关各国的政府发言人驳斥了这些指控,但时至今日仍有岛民住在避难所中,波多黎各一些地区已经缺电近一年。

由于英国在加勒比海各岛屿上没有永久性的军事驻扎基地,空运和海运的救援工作十分耗时。当人们一无所有、家中的房屋遭到彻底破坏而赖以生存的途径也断了时,时间就会非常难熬。那些受伤的人,以及无法获得水源和食物的人,生命自然危在旦夕。

幸运的是,英国"芒特湾号"皇家舰队辅助登陆舰(the Royal Fleet Auxiliary Mounts Bay)已经到达加勒比海地区,并给灾民投下了6吨救援物资。工作人员帮助清理安圭拉的飞机跑道,以便让投放救援物资的飞机降落,随后"芒特湾号"继续航行到英属维尔京群岛。英国政府向受飓风影响的岛屿派遣了1100名官兵和55名警察,并宣布了一项数额达3200万英镑的救灾基金,至此政府提供的资金与公众捐款相当。英国皇家海军舰艇"海洋号"(HMS Ocean)从英国国际发展部(Department for International Development)运送了60个货架紧急救援备用品以及200个货架货物,比如5000个卫生工具包,每只工具包内含肥皂和手电筒等必需品,以及1万只水桶和50.4万盒护肤霜。尽管采取了这些救援工作,但这三个国家的领地上仍有23人丧生。

飓风"厄玛"的余威。度假者们也亲身体验了大自然的威力。在法国和荷兰共管的圣马丁岛(St Martin)上,一对职业为医生的夫妇向媒体极为详细地描述了他们度假中的遭遇。他们躲在度假公寓的浴室里,压力越来越大,暴风咆哮得越来越凶猛。卧室的几扇窗户突然爆裂,瓦砾顿时飞到天空盘旋,继而夹杂着瓦砾的大雨倾盆而下。这对夫妇被困在浴室里,屋顶开始塌陷,渗入室内的水深约5英寸,最终淹没了所有的房间。这种级别的飓风往往也伴随着财产损失、人员幸存的传奇。

在美属维尔京群岛(U.S.Virgin Islands)

这对夫妇被困在浴室里，屋顶开始塌陷，渗入室内的水深约 5 英寸。

的圣约翰岛（St.John），克鲁兹湾（Cruz Bay）在短短几分钟内就灰飞烟灭。原先还停泊在港口的船只如今四处散落在大街小巷上；大大小小的树木遭到毁坏，仿佛被连根拔起；车辆散落在四处，像儿童们的玩具一样被大风掀翻；最恐怖的是，一座座房子也被卷到空中，抛来抛去，最后落到距离原来的位置数百英尺开外的地方。原先绿树成荫、宁静祥和的海湾顿时像是原子弹爆炸后的现场。

最悲惨的死亡事件之一发生在迈阿密北部。飓风"厄玛"造成一家护理院突然断电。在没有空调、没有电的情况下，6名居民丧失了生命：3名当场死亡，另3名后来不治身亡。

好莱坞山（Hollywood Hills）康复中心（the Rehabilitation Center）的100名居民已经撤离，许多人因呼吸紊乱（respiratory distress）和出现脱水症状正在接受治疗。佛罗里达电力照明公司告知调查人员，护理院的部分地方已经获得紧急供电，但这家护理院并不在该县紧急恢复供电第一梯队之列。这种行为是对死者的大不敬，后来招致了刑事调查。

"听天由命"这句话提醒我们，有些事情我们无法掌控。在无情的大自然面前，我们卑微渺小、脆弱不堪：如果苍天发雷霆之怒，海浪滔天，我们整齐有序的生活将被打乱，有时后果很凄惨。风暴数据以及追踪天气锋面的科学家能够

▼ 9月10日上午9点10分，飓风"厄玛"登陆之后，刮弯了劳德代尔堡的一排棕榈树

飞入暴风风眼

第53天气侦察中队驻扎在密西西比州比洛克西（Biloxi）的凯斯勒（Keesler）空军基地，人称"飓风猎手"。这支美国中队全由预备役人员而非专职人员组成；空军预备役中校吉姆·希特尔·曼（Jim Hitterman）曾形容说，这支由科学家和王牌飞行员组成的团队在飓风中穿梭，就像在洗车时，一群大猩猩突然窜到你的车顶上，收集重要情报一样。

虽然卫星成像可以提供极好的细节，但专家称，只有飞入飓风中心了解到飓风的结构、形状以及来自空中的力量，气象学家才能收集到风暴规模和威力的真实数据。这听起来像是一种自杀任务，但安全记录却保持尚好。自1974年以来，追逐飓风的飞机没有一架损失；该团队成立于1946年，不过到目前为止已有54人丧生，但是也有许多人死里逃生。

飞行员可以使用10架配备有4个引擎的WC-130J飞机，这种飞机特别配备了被称为下投式探空仪的数据传感器，但是有人说将来会使用改进的无人机，这就使得该团队以及团队成员的技能显得多余了。

帮助我们尽可能做出最好的准备，但我们只能做到这些。就像克努特国王[①]（King Canute）无法阻挡海水一样，我们也无法阻挡狂风。2017年8月27日，西非海岸的一股热带海浪，几天内变成了一头巨大而又凶猛的野兽：从大西洋东部的佛得角群岛（Cabo Verde Islands）开始，"厄玛"力量逐渐剧增，风暴中心不断变大，并迅速向人口密集的地区移动，加勒比海地区不幸地在飓风"厄玛"最凶猛的时候首当其冲。"厄玛"造成了一场令人遗憾的人道主义危机。

---

① 克努特国王（King Canute，995—1035），亦称"克努特大帝"。丹麦历代王者所发展起来的海盗帝国，在克努特手里到达了顶峰。克努特曾同时任英格兰国王、丹麦国王和挪威国王等。有一则故事流传很广。克努特的一个臣子谄媚说，克努特是海洋的统治者，连海洋也会听克努特大帝的命令。克努特于是下令将椅子放在海边，命令海水不准打湿椅脚，结果大海无动于衷。

数据

佛罗里达群岛 **65%** 的房屋遭到严重破坏

佛罗里达州有 **1500万人** 无电供应

飓风"厄玛"的风速达到每小时 **185英里**

受飓风影响的地区总面积为 **7万** 平方英里

巴哈马群岛有 **5000名** 居民撤离

风速保持恒定达 **37个小时**

佛罗里达群岛 **25%** 的房屋遭到彻底毁坏

▼ 这是塔克洛班市郊区的鸟瞰图，令人惊奇的是，灾难之后一座教堂依然屹立在废墟中

简况

- **死亡人数：6340**
- **地点：菲律宾**
- **时间：2013年**

尽管相关部门已经公布过大量的预警报告，但台风"海燕"的破坏性还是让很多人措手不及，造成了惨重的人员伤亡。2013年11月8日，5级风暴袭击了菲律宾，这是登陆菲律宾的最强风暴，风暴不仅导致海平面上升，冲走了民居和商铺，一时间还导致整个社会无法运转。

台风 "海燕"

当一场超强的台风袭击菲律宾和其他东南亚国家时，
巨浪和洪水随之而来。

2006年6月23日，菲律宾莱特省塔克洛班市会议中心对外开放，当代传奇音乐家们云集于此举办一场音乐会。这是人们第一次有机会看到可容纳4500人的室内活动场所。但是，那天晚上，没有人能够想到本次音乐会的主题"我要活下去"，会被证明颇有先见之明。

大约7年半之后，成千上万的人再次涌入这一活动场所，但是这次他们别无选择。场外，死者尸体有的堆积在人行道上，有的悬挂在倒塌的楼房废墟之间的树上、倒塌的电线杆上以及洪水冲走的车辆上。碎石岩屑和死去的动物尸体沿着街道上水位不断上涨的洪水漂流；令人无法忍受的死亡与破败的腐臭味伴随着失去亲人的人们的啜泣声。

2013年11月8日，有史以来威力最大的热带风暴之一，台风"海燕"袭击了东南亚地区。海浪最高达7米，在短短12小时之内，降雨量多达281.9毫米，路面被淹没了。尽管如此，活动场所依然安然若素。然而，尽管表面上很平静，活动场所里面却混作一团。这座拥有22万常住人口的城市刚刚遭受了台风"海燕"的袭击。

菲律宾有关部门多次发布过台风预警。两天来，菲律宾政府和菲律宾气象局都提到了这场强烈的风暴，当地将其命名为"尤兰达"。电视新闻发布会多次告知居民，这场飓风中心的持续风速为每小时175公里、阵风高达每小时210公里，因此，气象局担心风暴登陆时威力可能增强，因此敦促人们疏散撤离。

然而，全国只有少数人将其当回事，原因之一是人们已经对风暴的侵袭习以为常。仅2013年，就有25场风暴袭击了菲律宾，但是这次他们低估了"海燕"的威力。《卫报》社会福利和发展部（DSWD）负责人科拉松·索利曼（Corazón Solíman）承认："地方政府和国家政府机构的震前准备工作无法与台风'海燕'的猛烈强度抗衡。"这一点非常关键。

一大早，人们就听到一股高压气流在海面上盘旋呼啸，随后形成巨浪猛烈袭击大地。台风风速达到每小时300公里，猛烈地重创萨马岛（Samar）和莱特岛（Leyte），途中将塔克洛班市（Tacloban City）连根拔起，随后在靠近菲律宾第二大城市宿务（Cebu）之处迅速穿过菲律宾群岛，摧毁了宿务市周边大部分地区。

台风所经之地，70%—80%的建筑物遭到摧毁，屋顶被掀掉，农场被端掉，道路被毁掉。碎片残骸飞舞着穿过空中，人们被掀翻在地，塔

▲ 图中，台风"海燕"在太平洋成形后，于2013年11月7日达到最大强度，并向菲律宾移动

台风"海燕"是如何形成的

不可否认，台风海燕威力强大，毕竟它是历史上最强的风暴之一。但是，海燕威力强大的原因要归结为其天时和地利，因为台风发作起来就像巨型发动机，温暖潮湿的空气就是其燃料。

台风"海燕"在太平洋非常温暖、开阔的水域里形成；一场雷暴雨的大风吸收了上升的水分，然后转化成热量。这样，在下方就形成了一个低压区，导致更多的空气流向中心，产生持续的热量，造成持续的空气流动。于是若干空气气旋形成了。

如今，由于海水表面下水温温暖，冷水不像平时那样可以降低其热力。随着海水远离陆地，气旋便能以人类察觉不到的方式绕着一个圆圈打转。加之风速低（风速与风向呈直角变化），台风就会旋转得越来越快。飓风研究员布莱恩·麦克诺迪（Brian McNoldy）解释道，"风暴在高低两处同时移动"。最终该台风造成了灾难性的破坏。

▲ 翻倒的卡车，大量的废墟残骸和毁坏的房屋：这是菲律宾第三大岛屿萨马岛巴塞（Basey）遭遇风暴后的景象

◀ 毁灭性的台风过去一周之后，塔克洛班市沦为一片废墟，街道上到处都是垃圾

克洛班机场及其周边繁荣的社区遭到了严重破坏，玻璃碎片散落在跑道上，房屋四分五裂。受到惊吓的市民不知道该去何处是好，也不知道该干什么。台风又登陆了4次，此时甚至连避难所也被撕成了碎片。等到平息时，台风"海燕"已影响了46个省份的1400万人，其中塔克洛班市的居民损失最大。

然而，对于许多人来说，苦难才刚刚开始。人们突然发现自己无家可归，因此，迫切地寻找安全的住处、食物以及墓地。他们试图绕过经废墟堵住的道路，寻找药物为自己或者为生病的亲人治疗。人们互相分享拥有的资源，孩子们充分利用现有条件，有什么玩什么。但是，当装尸袋排成一行又一行，台风向越南和中国方向扑去时，显而易见，尽管现场人手短缺，但救援任务迫在眉睫。

很多男性担心有人会抢走自己的财产，所以他们把妻子和孩子送到表面上看似安全的地方，而自己则留下来保护财产。这种办法并非总能很好地解决问题。比如，在塔克洛班市会议中心，洪水淹没了地下室，许多自认为安全的女人丧生。幸存的女性则在痛苦中煎熬，等待着自己的丈夫和父亲还活着的消息。并非所有人的丈夫和父亲都还活着，而且当通信和电力中断时，消息很难等到。

此刻会议中心里面当然寸步难行。有报道称，有人把楼梯井用作卫生间，并从破裂的管道外面寻找水源。于是，避难所变得混乱不堪，其卫生条件不堪入目，而这一消息传开后，许多人都不愿意再去那里，他们担心自己的孩子会因为卫生条件差而生病。当人们因饥饿而痛苦地哭喊时，他们更不知所措。整个塔克洛班市到处都有抢劫和暴力事件发生。

此时，故事层出不穷。据菲律宾《每日问询报》（The Philippine Daily Inquirer）报道：当倒塌的房屋里的木头碎片割伤了她女儿的身体时，校长贝尔纳黛特·特内格拉（Bernadette trengra）最后一次听到女儿令人撕心裂肺的话，"妈妈，就让我去吧，保护好您自己！"小女孩临终说道。《卫报》报道了厄温·科奎拉（Urwin Coquilla）与其妻子埃塞尔（Ethel）的故事，他们失去了孩子，靠拼了命爬上一艘向他

重建菲律宾

随着台风的破坏程度日益明显，菲律宾总统贝尼格诺·阿基诺三世（Benigno Aquino III）承诺在受灾最严重的地区塔克洛班市建造205128栋房屋。这可能会在某种程度上取代被台风夷为平地的数百万座房屋，但报告显示，目前只有67754座房屋已竣工，而且只有不到35%的房屋有灾民入住。

因此，说重建工作进展缓慢并无不妥。许多居民亲自动手，使用用波纹铁板以及台风过后能收集到的各种材料，在他们曾经居住过的同一块土地上，建造出临时性住宅。然而，人们认为，由于距离海岸太近，这些临时性住宅不宜居住。一旦另一场大风暴来袭，这些房屋很容易再次被风暴卷走。

目前慈善工作一直进展得比较顺利。红十字会发放现金补助，帮助修缮学校，投资企业，并为1.3万户家庭提供更安全的容身之处。因为救济很少，国际救援委员会将救援重点集中在卡皮兹省、伊洛伊洛和宿务北部，分发基本住所工具包、建筑材料凭证和劳动力现金补助。

与此同时，自然灾难应急管理委员成员修复或重建了4万多座房屋，而联合国教科文组织积极培训了285名中学教师，帮助孩子们重建就学，改善生活。政府花费约32亿美元修建道路、桥梁以及学校，同时发放现金帮助那些希望创业或重操旧业的人。考虑到受台风影响的大部分地区已沦为废墟，重建菲律宾绝非易事。

▼ 台风袭击菲律宾4天之后，美国海军陆战队在帮助流离失所的菲律宾人

大米、玉米以及糖等作物生产遭到了毁坏，渔船也无法作业，游客们都希望离开。

们漂来的船才幸运获救。国际红十字会代表尼古拉·琼斯（Nichola Jones）表示，有些人赤着脚行走，而有些人则把他们的家人和剩余物品都放在摩托车后座上。

为了应对这场灾难，时任菲律宾总统贝尼格诺·阿基诺三世（Benigno Aquino III）将20艘海军舰艇、3架运输机、32架军用飞机和直升机交由救援人员使用，有些国家的政府也承诺提供援助，仅英国政府就为80万名受害者提供了食物、住所、药品和干净的饮用水。慈善机构到达灾区后，不仅立马参与救援，而且打算长期帮助菲律宾重建。莱特省、萨马省、阿克兰省、卡皮兹省、宿务省、伊洛伊洛省和巴拉望省都处于国难状态。

当核动力航空母舰乔治·华盛顿号载着5000名美国海军官兵抵达给灾民分发食物和饮用水时，大家都为之雀跃。然而，考虑到密克罗尼西亚、帕劳、中国、越南等国家也受到了台风的影响，救援工作任重道远。由于大米、玉米以及糖等作物生产遭到了毁坏，渔船也无法作业，游客们都希望离开，人们忧心忡忡。

这场自然灾害夺去了6329人的性命，另有1074人下落不明，菲律宾想要从这场灾难中恢复元气注定是长途漫漫。菲律宾大部分地区需要重建，尤其是沿海地区，搁浅的货船和油轮将数十栋楼房夷为平地。数月后，其间仍然能够找到遇难者的尸体。这是菲律宾有史以来最致命的一场风暴。

数据

台风来临前几天，菲律宾全国有**75万**人疏散撤离

台风登陆后，**6329**人确认死亡

台风登陆时的持续风速为每小时**195英里**

受台风影响的人数为**160万**

台风过后，**410万人**流离失所

在受灾最严重地区，**90%**的房屋被毁坏

台风造成的经济损失达**45.5亿**美元

5.2米高的风暴潮摧毁了塔克洛班机场的航站楼

250万人迫切需要食物

台风来临时，菲律宾当时的人口为**9800万**

简况

- - - - - - - - - - - - - - - - - - - -

■ 死亡人数：5万~26万
■ 地区：埃塞俄比亚、肯尼亚以及索马里
■ 时间：2011年

- - - - - - - - - - - - - - - - - - - -

这是东非60年来最严重的旱灾，但值得注意的是，诸多预警信号没有引起各国政府的重视。2011年年中，这场最严重的灾难发生时，已经为时已晚，数十万人因缺乏食物和饮用水而死亡。

东非旱灾

两个世纪以来，非洲之角最严重的
一场自然灾害。

应对灾害

肯尼亚北部瓦吉尔（Wajir）区，一位牧民向英国广播公司透露2011年旱灾如何危及他的家畜。他曾养了一群200头奶牛的牛群，但是随着土地干涸，奶牛没有了放牧之地，所以牧民把奶牛赶到埃塞俄比亚，希望能找到一个可以放牧的地方。然而，不幸的是，新去处与之前地方一样，并无牧草。奶牛开始纷纷倒地毙命，直到全部报销。他返回家园时，身边已经无一头奶牛，这严重地威胁到他的生计。人们估计，严重干旱期间，埃塞俄比亚多达50万头牛就这样死去。想要再养一群牛来谋生需要两年时间，但是很多人没有任何积蓄来应对这种情况。但是，当地人正努力尝试攒钱、储存食物，防止此类严重灾害再次发生。

2010年年末就出现了第一次旱灾预警信号。"拉尼娜"现象[1]导致太平洋水温降低，而气候变化致使印度洋海水变暖。在非洲之角的两个雨季里，由于气温升高，云层将雨水倾倒在海洋上空，因此埃塞俄比亚、肯尼亚和索马里从未下过雨。尽管一再发出灾难即将来临的警告，但相关各国政府和各机构未能及时做出回应。

2010年10月至12月，2011年3月至5月，两个雨季降雨减少导致了2011年东非旱灾。这是东非60年来最严重的旱灾，造成了前所未有的大规模饥荒。多达10万人死亡，另有数十万人营养不良，更多人被迫背井离乡。据估计，总共约有1300万人受到此次旱灾影响，其中许多幸存者至今仍心有余悸。

东非各国的农作物和牲畜都得依赖雨水生

存。但是，2011年，"拉尼娜"现象发生，加上气候变化，一切都变了，作物和牲畜生存受阻。该地区降雨量急剧下降，降水量减少了30%以上。4月通常是东非地区一年中雨量最多的月份，降雨量通常为120~150毫米。然而，2011年4月，降雨量只有30~40毫米。东非很多人还在承受着2009年旱灾造成的苦难（虽然这次旱灾没有2011年的旱灾严重），所以当降雨量再次不足时，情况非常糟糕。一些地方，农作物普遍歉收，牲畜如牛的损失高达60%，进而降低了牛奶产量。

对于养牛的农民（也就是牧民）而言，缺水给他们带来了灾难性的后果。整个地区开始出现种种问题：缺水意味着动物脱水死亡，进而导致人们收入和食物大幅减少。最大的问题发生在索马里和埃塞俄比亚的部分地区，而那里大约65%的人口以饲养牲畜为生。2011年7月，索马里牧民不得不卖掉5只山羊才能买到一袋90公斤重

---

① "拉尼娜"现象（La Nia event），指赤道太平洋东部和中部海面温度持续异常偏冷的现象（与"厄尔尼诺"现象正好相反），是热带海洋和大气共同作用的产物。

农作物普遍歉收，牲畜如牛的损失高达 60%。

的玉米，而2011年1月只要1~2只山羊就可以换一袋同样重的玉米。与此同时，在肯尼亚加里萨（Garissa），一公斤肉的价格从2010年的约2.5英镑上涨到2011年的3.5英镑，而一升牛奶的价格涨了2倍，达到70便士。这样就意味着很多人买不到牛奶和肉类食品。玉米价格比2010年5月高出85%。牛奶产量大幅下降，直到年底再次降雨，牛奶生产才得以恢复。谷物价格上涨到创纪录的水平，然而家畜价格暴跌，工资下降。

在索马里，极端组织青年党（al-Shabab）与西方大国支持的弱势政府之间的冲突，致使旱灾问题雪上加霜。当前者开始攻击人道主义行动时，救援机构前往索马里实施救助工作便受限了。该激进组织担心，这些机构会深入索马里内部，所以他们还禁止国际救援组织帮助索马里

人。如此一来，便妨碍了各机构应对危机。此外，冲突不仅加剧了饥荒，还导致成千上万的人逃离战乱地区。加之旱灾，这就意味着，大量难民逃离索马里，给其他地方造成了巨大的难题。截至2011年9月，92万余人前往肯尼亚和埃塞俄比亚等邻国，而这两个国家本身也在与旱灾竭力抗争，这给当地的服务和救援工作造成了巨大的压力。2011年6月，在旱灾最严重的时候，联合国在肯尼亚达达布（Dadaab）基地搭建了三个仅能容纳9万人的难民营，但是这三个难民营里有44万难民涌入并滞留，令其不堪重负。

整个东非地区，死亡人数之大令人触目惊心。截至2011年7月，婴儿死亡率增加了2倍，达到每天每1万个婴儿出生后就有7.4个婴儿死亡，比每1万个婴儿中1个婴儿的意外死亡率高出7倍。超过30%的儿童患有严重的营养不良；

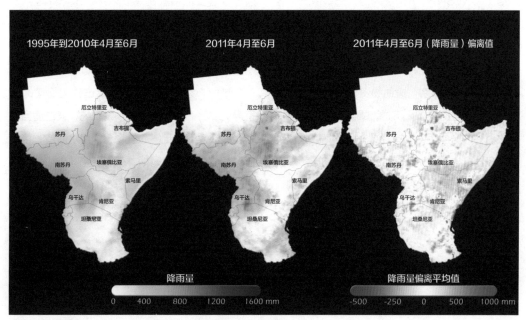

▲ 左边是平均降雨量，中间是2011年降雨量，右边是偏离正常值的降雨量

据估算，5月至7月期间，有2.9万名5岁以下的儿童死亡。索马里南部和中部的营养不良率，从2010年的16.4%上升到2011年的36.4%。每天每1万个人中就有2个成年人因饥饿而死亡。数百万人需要粮食援助才能存活下去，因为他们自己买不起粮食，或者没有粮食来源。由于缺乏食物，学校被迫关门。由于不得不生活在拥挤、不卫生的环境之中，人们很有可能染上疟疾和霍乱。在索马里，人们每天只能摄入不足2100千卡的食物、使用4升水。

历经重重困难，数十亿美元的援助物资终于抵达灾区，物资包括食品、水和帐篷等。不过，虽然旱灾本身很严重，但很多人认为，更多人员伤亡归咎于早期救援行动的迟缓，致使这场危机演变成全面性的灾难。尽管有早期的灾害警告，但是国际机构的援助措施实施特别缓慢。原因之一是灾难发生之前很难获得援助资金；只有灾难刻不容缓，登上头条新闻时，捐款才会源源不断地涌入，但此时可能为时已晚。危机时刻到来之前，政府高层很难注意到这一点。饥荒预警系统网络（FEWSNET）警告人们，干旱情况会进一步恶化，但是，联合国在7月中旬才宣布索马里发生严重的饥荒，因此，当人们注意到这一点的时候，此时饥荒已殃及1300万人。

到2011年年底，援助物资才发挥作用，人们终于得以重回故园；不过，暴雨后来摧毁了很多临时性的房屋。此次旱灾是一次深刻的教训，它让各国机构和政府清楚地意识到，如果不加以控制，饥荒和旱灾会产生致命影响。专家预测，气候变化可能会导致东非旱灾频频发生，因此必

应该汲取的教训

这场危机之后，乐施会写了一篇题为《危险延误》的尖锐报告，该报告详细描述迟缓的救援措施是如何将糟糕的局势每况愈下的。文章表示，数月前就有明显的多次预警信号，但是"因应对措施不充分，直至为时已晚"。为此，他们提出了一系列建议以防止类似情况再次发生。比如，他们称，有关政府和相关援助机构要改变"观望"的态度，并找出提前行动的理由。国际社会需要采取长效机制，而非在灾难来临之时急急忙忙采取营救措施。

作为《终止极端饥饿宪章》（The Charter to End Extreme Hunger）不可或缺的一部分，乐施会建议，必须支持当地的粮食生产，对农业进行长期投资。可以直接现金支付的形式为10%最贫困的人口提供安全网，这样也有助于改善粮食获取，而粮食本身价格也需要得到更好的维持，以确保人们不会因粮食价格过高而吃不上饭。他们指出，减少武装暴力和冲突，可以在未来抵御旱灾和饥荒时发挥关键作用，推动参与更加积极、可持续的外交关系，防止地方之间和国家之间的冲突。

乐施会表示，"事实上，这场危机是人们事前预料到的，而且本可以防止的。我们已经了解如何阻止这种灾难发生，因为我们知道，必须采取措施防止这样大规模的灾害所带来的痛苦。人类难以接受男女老少都死于饥饿。我们都有责任防止这种灾难再次发生"。

须采取必要的措施防患于未然。东非灾难频发后，援助机构一直致力于提高东非的抗灾能力，主要措施包括利用新技术来增加作物收成，以及挖掘人工灌溉渠来促进河水的流动。

我们必须吸取教训，防止这种大规模的灾害再次发生。配备严格的预警系统，通过适当规划，确保人们有足够的食物和饮用水储备，帮助他们度过最难熬的时期，就有希望减少如此巨大的伤亡人数。

人们每天只能摄入不足 2100 千卡的食物、使用 4 升水。

▲ 2011年7月，肯尼亚达达布，难民们收集枝条作为柴火

数据

东非旱灾殃及的人数为
1300万

东非**65%**的人口以饲养牲畜为生

据估计，
10万人死于本次旱灾

2011年4月，降雨量减少了
75%

旱灾地区，每人每天平均只能获得
2100千卡的食物

2011年5月至7月，
2.9万名儿童死亡

危机期间，牛奶价格急剧上涨，
为原来的**3倍**

截至2011年9月，
有**92万人**因旱灾背井离乡

2011年，索马里营养不良率
高达**36.4%**

救灾工作中募集了**13亿**美元

维苏威火山摧毁庞贝古城

这座曾经是古罗马人生活和文化堡垒的城市，
遭遇了有史以来最具毁灭性的天灾之一——火山爆发。
本文是关于庞贝古城突然遭到毁灭的故事。

"笼罩在他周围的黑暗比任何夜晚都更黑、更浓。黑暗像地毯一样让人窒息，他看不到空气中的景象，也听不到空气中的声音。他为了人民的利益而战，为了他的利益而战，但是，尽管他在庞波尼亚努斯（Pomponianus）和其他人面前展示了自己的勇气，他知道自己不能再忍受下去了。大海是他唯一的途径，使他逃离这片满是灰尘和死亡的荒凉之地，但是大海依然凶猛且危险，无情地把他钉在海岸边。火势越来越凶猛，落下的岩石越来越沉重，他的力气越来越小。当他闭上眼睛时，他仍然能看见火焰。"①

公元79年维苏威火山爆发之前，庞贝一直是罗马重要而又繁荣的聚居地。公元前6世纪左右，意大利中部的奥斯坎人建立了庞贝城，并很快发展成一个重要的经济和文化中心。它地处库麦（Cumae）、诺拉（Nola）以及斯塔比（Stabiae）三地之间，后来发展成一个大型且繁忙的港口，整个那不勒斯湾，以及更远的目的

地，都可以得到其服务。庞贝在经济和文化上处于罗马城市的中心，对于形成早期罗马文化，以及罗马社会的发展起到了关键作用，今天我们依然可以在废墟中窥见庞贝当年的繁华。

庞贝古城毁灭的场面既恐怖又宏大，这一点最为世人熟悉。不过，数世纪以来，庞贝一直是个文化多元、富有生机的城市，令人心驰神往。庞贝古城的旧貌迄今仍在复原中。不过，多亏了来自世界各地的学者和考古学家的辛勤工作，今天我们得以"冲洗"出一张庞贝古城中的人当时生活的快照。庞贝几乎满足了古罗马人对一个主要定居点的所有期望——市场、酒吧、寺庙、剧院、公园、澡堂、游泳池、跑道、葡萄园、行政大楼、铁匠铺、餐馆、图书馆、学校、军械库以及别墅等设施一应俱全。

比如，得益于古城的考古挖掘工作，我们了解到庞贝古城曾有大约200家酒吧。古城还出土了3间大型浴室；此外，考古学家在购物市场和其他建筑中发现了大量的铭文；这些文字表明，这里曾经进行过物品买卖与交换。种种历史遗迹

---

① 出自小普林尼的日记，其中"他"指的是老普林尼。

简况
- - - - - - - - - - - - - - - - - -
- 死亡人数：2000
- 地点：意大利庞贝城
- 时间：公元79年

公元79年，维苏威火山爆发，摧毁了庞贝古城，许多庞贝人死于非命，湮灭于这座火山灰下长达数个世纪。考古遗迹让大量的史实重见天日。

▲ 庞贝人的尸体腐烂后，火山灰保持着他们的骨骼形体。考古学家通过将石膏倒入这些尸骨的缝隙中制成了庞贝人的人体模型

表明，庞贝曾是一座富有活力的城市，其管理中心设在宏大的罗马城市广场①。

庞贝古城周围的农村地区同样充满生机与活力。火山爆发前，其土壤极其肥沃，数不尽的农场生产了大量的主要农作物，如大麦、小麦以及橄榄等。大多数庞贝人坐拥位于萨尔诺河（Sarno River）河口极其繁华的港口。当时，庞贝的人口相当稠密，城内外大约居住着1万到1.2万居民，社会各阶层的人都有：达官显贵，

依靠经商、劳作或手艺为生的普通老百姓，等等；还有，有条件的孩子就去上学，没有条件的就跟着成年人一起劳作；当然少不了奴隶，这就是当时罗马社会不可或缺的阶层。

当时，部分罗马巨富住在庞贝城中。考古学家在庞贝城内发现了一些非常雄伟壮观的宅邸的遗迹，这些住宅配有令人叹为观止的海景、无与伦比的花园、庭院和餐厅。其中一所豪宅名为"农牧神之家"（House of the Faun），占地3/4英亩，而其他宅邸仍然保留着成千上万块石头镶嵌而成的绝美的图案，或者是雕刻着描绘男

① 古罗马城市一般都有广场，开始是作为市场和公众集会场所，后来也用于发布公告，进行审判，欢度节庆。

世界末日倒计时

维苏威火山爆发持续了24个多小时，给庞贝带来了灭顶之灾，大火和火山灰吞没了整座城市。

公元79年8月24日				
上午八点	下午一点	下午三点	下午四点	傍晚六点
坎帕尼亚（Campania）地面多次震动，这一现象持续了一个多星期，但是由于震动频率过低而为人们所忽视。有一天夜间，地面震动极其剧烈，次日早上八点钟达到高峰。一夜醒来，人们发现许多物品以及家具翻倒在地。	一个怪异的平静的上午过后，维苏威火山爆发，力量惊人，首先喷发出一团火山岩浆云，火山岩浆向火山周围散开，并上升到14公里的高空，开始在庞贝城上空飘下火山灰。	火山持续喷发出火山岩浆。这些岩浆在地球大气中遇冷凝固，变成火山砾、硬化熔岩，雨点一般从庞贝城上空落下。大多数人开始逃离庞贝城，但是，有些人，包括老人和孕妇在内，仍然留在城内。	由于火山爆发规模大、强度大，碎片残骸开始造成萨尔诺河（Sarno River）以及附近的港口阻塞。港内船只受困，海上的船只则无法入港。冲击波摇晃着庞贝城，造成部分楼房倒塌。	大块大块的浮岩（一种火山岩）从火山云中落下，此时火山云遮住了太阳。庞贝城的街道掩埋在浮石、火山砾及火山灰之下，建筑物纷纷在重压下被压碎、摧毁。

庞贝在经济和文化上处于罗马城市的中心，对于形成早期罗马文化，以及罗马社会的发展起到了关键作用。

人、女人和神灵的精美雕像。

可以说，发现庞贝穷人或普通人过去的生活方式最有启发意义。通过仔细观察庞贝的公共浴室，考古学家深入了解了数百盏陶瓷灯如何照明；通过研究阿波坦查大道上的一排排数量众多的小商店，考古学家展示了庞贝人是如何在晚上用百叶窗保护自己以防他人入侵的。

从庞贝城出土的一些文物中，我们得以一窥庞贝人朝气蓬勃的日常过往。在一个较大型的幸存宅院中，人们将如今著名的"卡纳姆洞穴"（CAVE CANEM）指示牌翻译成"当心狗"。而一家酒吧里出土的一系列图片表明，顾客曾经常在这里玩掷骰子游戏。华丽的镜子和梳子表明，庞贝的一些富人非常爱美，而有关人物、服饰以及文化的记载也表明，庞贝人的文化远远比典型的罗马城市更加多元、更加丰富多彩。

庞贝曾是一座充满活力、屹立于阳光下的城市；正是发现庞贝这一挑战才推动了该领域的考古和学术研究。由于著名的罗马律师兼作家小普林尼（Pliny the Younger，约61—约113）的详细记录，我们方能详细地了解到庞贝城的毁灭史，以及他的舅父老普林尼（Pliny the Elder，23—79）如何大步流星地走入灾区，试图帮助那里的市民逃生的经历。正是有这些宝贵的记录，我们才能想象出他最后的几个小时里可能承受了何种苦难。

老普林尼是当时罗马帝国一位受人尊敬的军事指挥官，也是一位令人敬畏的自然科学家。当一封信送达他手上的时候，他正在从庞贝城视察驻扎在海湾对面米塞纳姆（Misenum）地区的海军舰队。信中，老普林尼的朋友雷克蒂娜（Rectina）告诉他，维苏威火山爆发导致所有人都无法逃离平原，并请求作为海军舰队长官的他立即前去解救他们。

老普林尼一直是位实干家和有社会责任感的人，他命令舰队的战舰做好准备并即刻起锚开拔。他自己也怀疑过雷克蒂娜信中所描述的情况的严重性，但他同意无论如何都必须采取行动。而他的部下则认为根本就不应开往维苏威山。有些人说这无疑就是去送死，而另一些人则害怕众神之怒，他们认为众神的意志正通过火山爆发得以体现，而这是任何人都无能为力的。老普林尼很快就打消了这些顾虑，并提醒手下，他们对维护当地人民的安全负有社会责任，并命令他们应该火速前往执行援助任务。

舰队迅速出发，向海湾驶去。老普林尼从主力舰的船头往外看时，发现庞贝城上空笼罩着一片乌云，这便是维苏威山上空的乌云。另一个值

公元79年8月25日

凌晨一点

人们继续逃亡，透过闪电的亮光才能时不时地看到人们逃命的身影。滚烫的泥石流沿着火山流下，淹没了附近的城市赫库兰尼姆（Herculaneum）。火山灰，火山砾和浮石不断地在庞贝城上空落下。

凌晨四点

维苏威火山上方的火山柱石猛烈崩塌，火山碎屑流（超热的火山灰和气体）滚下山坡。第一波火山碎屑流冲入赫库兰尼姆城（Herculaneum），城里留下来的所有生命无一幸免于难。

凌晨五点

第二波更大、更烫的火山碎屑流掩埋了赫库兰尼姆城（Herculaneum）。庞贝城内，浮石和火山灰的袭击逐渐减弱，但是，由于火山灰席厚、火山喷出的气体很浓，在庞贝城内以及周围地区呼吸都变得很困难。

凌晨六点半

越来越多的火山碎屑流涌入庞贝城，摧毁了这座城市的北部城墙。一波又一波的有毒气体和闷燃的火山灰席卷了整座城市。滞留在庞贝城的每一个人，都被无情地砸死、烧死或闷死。

上午八点

最后一波极具破坏性的火山碎屑流袭击了庞贝城，摧毁了几乎所有建筑的顶楼。这波火山碎屑流威力极大，一直冲击到斯塔比亚（Stabiae），甚至冲击到那不勒斯（Naples）的部分地区。幸运的是，火山碎屑流在到达米塞纳姆（Misenum）之前就失去了动力。

上午九点

火山最后一次喷发结束，一场大火和暴风雨接踵而至。维苏威火山200米高的顶峰被击得四分五裂。天云散去，维苏威火山的景色却完全变了样，火山上覆盖着白雪似的火山灰。

POMPEI · COLLO VESUVIO

◀ 庞贝城中的二层建筑物大多毁于火山爆发

得注意的细节是，海上其他船只都朝着相反方向航行。海湾的水域波涛汹涌，但远非不可航行；当老普林尼在海岸线上勘察时，发现那里既有贫穷的居民区，也有富裕的庄园。他估计，不久他们就会在斯塔比亚顺利登陆。

老普林尼及其舰队很快就入港了，在不断下落的火山灰和岩石雨中，老普林尼拥抱了前来迎接他的朋友庞波尼亚努斯。在老普林尼看来，庞波尼亚努斯似乎真的吓坏了。庞波尼亚努斯告诉老普林尼，过去的几个小时，一系列地震、火山爆发以及下落的碎片阵雨袭击着此地居民，数不胜数的房屋都已遭到毁坏。据庞波尼亚努斯所说，维苏威火山目前已经造成了大量破坏；他还告诉老普林尼，他担心自家房子会倒塌，殃及家人。

军舰进入了斯塔比亚，老普林尼前往庞波尼亚努斯的住处，营救行动开始了。老普林尼及其手下迅速去帮助那些流离失所者，还有那些受困于倒塌的砖石建筑或与家人失散的人。同时，他们还帮助了那些手推车卡在火山灰和岩石中的人，帮助在混乱中迷失的人找到方向，并多次阻止抢劫行为，这些抢劫行为已经开始在斯塔比亚大街上的一些商店里发生。这就是老普林尼的行动方针。他打算先稳定斯塔比亚，然后前往其他地方，如庞贝和赫库兰尼姆，在艰难的情况下，帮助那些需要帮助的人，维持当地的法律秩序。

第二天一早，老普林尼醒来时，周围一片混乱。整座房子里的人都违背他的指示，一夜未眠，只有他睡了会儿。他很快意识到，从某种意义上说，这是一件好事。但他并不知道，岩石坠落急剧加快，通往他房间的院子里已落满了岩石碎片。事实上，若非有家人叫醒自己，老普林尼很可能丧命于此。当老普林尼穿过院子向其他人道早安时，整座房子突然剧烈震动，墙壁剧烈摇晃，天花板碎片顿时散落一地。

老普林尼很快意识到，由于事态日益严峻，陆地救援无法再进行。于是，他立即开始策划一个新方案，让居民尽快乘船离开，在海湾更远处入港，并加大对内陆的救援力度。通过比较所涉及的风险，人们最终面临两种选择，要么被外面落下的雨点般的石块击中，要么被室内落下的砖石砸到。这群人最终决定留在室内，没有什么办法能说服他们和老普林尼一起冒险外出。

当庞波尼亚努斯与其同伴拒绝离开住所时，老普林尼意识到，只有依靠自己和自己手下的力量才能让大家成功脱离险境。老普林尼看出火山的火气远远没有平息，而且尚未全力爆发，所以他们必须迅速行动。老普林尼召集了自己手下最优秀、最勇敢的官兵，向海岸进发。前进的路途中，他们一边躲避着滚落的岩石，一边用点亮的油灯和手电筒照亮道路（因为即使天亮之后，由于大山的遮阳云，道路仍然很黑）；老普林尼最终决定，如果条件有利于军舰出港的话，他会尽自己所能，召集所有人迅速撤离。

天气越来越热，空气逐渐潮湿。老普林尼认为，山上的云团似乎困住了自身散发出来的所有热量和气体；漫长难熬的夜晚和或明或暗的火光产生了一种令人感到闷热且幽闭的心理。正是此时此刻，老普林尼感到自己的喉咙发炎了，这是他自年轻时就有的老毛病；很快他便发现自己喘不过气来，而且喘息速度比正常情况要快得多。

终于到达海岸时，老普林尼一下子泄了气：风虽然不似先前那般猛烈，但仍然异乎寻常，因此海浪也异常凶猛。老普林尼突然感到一阵头晕目眩，他叫来几个跟他一起成功逃离的手下，要大家给自己铺一条毯子，好让自己躺下歇歇喘口气。他还多次要手下给自己倒点凉水。后来，他一边坐在岸边，吃惊地向大海的远方望去，一边喝着凉水。

然后，来自维苏威火山内部的剧烈爆炸，毫无预兆，于是硫黄气味像巨浪一样袭击了老普林尼。他左右看了看，只见剩下的人都开始向四面八方逃命，匆忙之中一个个跌跌撞撞。老普林尼慢慢地从毯子上爬了起来，转过身，而由爆炸产生的汹涌大火则将他照得通明，就像黎明时分跃出海面的太阳的光芒。

两天之后，这里终于天开云散，人们在岸边发现了老普林尼的尸体。他的尸体完好无损，好像进入了平静的梦乡。据说，老普林尼死于窒息，一方面是由于大火中排出的气体密度大，另一方面是由于他的气管不健康。

维苏威火山的爆发将赫库兰尼姆、庞贝和斯塔比亚三座城市夷为平地，令这里的人口急剧减少，人们一度引以为傲的辉煌也随之遭到毁灭。然而，灾难过后，幸存者很快就返回故地，并开始尽其所能修复和重建。不过，由于维苏威火山爆发的威力巨大，上面这三个地方在历史上湮灭了1500多年，直到1599年，在相关的历史记录材料中才重新第一次提到这三座城市。

如今，整个地区已经成了一个主要的旅游景点，每年吸引着数百万游客前来参观。庞贝城是其中最引人注目的地方，因为这儿曾一度是古罗马繁荣的文化中心。无论是顺境还是逆境，无论在阳光下还是阴影下，庞贝城的湮灭都是一则泛着人性光辉的故事。

庞贝城内

探寻庞贝古城的主要遗址。如今，普通民众和考古学家都在探索其历史遗迹。

01 住宅

对于今天的考古学家来说，了解庞贝人在火山爆发前的生活状况极其重要。因此，发掘出各种各样的房屋，从简陋的小屋到富丽堂皇的宅邸，都至关重要。有人认为，坐落在这里的"悲剧诗人之家"是庞贝住宅中典型的范例之一。

08 集市

作为庞贝的中心市场，集市（the Macellum）是庞贝人日常生活的焦点之一。从考古学的角度来看，从集市上已经发现许多有趣的东西——从残渣剩饭到生活必需品以及壁画。

06 城市广场

城市广场是大多数古罗马城镇建筑的重要组成部分，也是地方政府的所在地。在庞贝，城市广场朝北，面朝朱庇特神庙（古罗马众神的统治者）。

07 浴室

古罗马人非常重视洗澡，庞贝同样也是如此。庞贝城里有三家主要澡堂，一家是史塔宾浴室（the Stabian Baths），另一家位于城市广场，还有一家则位于庞贝城中心。

03 神庙

古罗马诸神是古罗马社会的一个重要方面。在庞贝，许多著名的庙宇都是为了纪念古罗马众神而建造的。比如，维纳斯神庙和朱庇特神庙可以说是其中最重要的两座神庙；从考古研究的角度来看，这两座神庙至今仍然占有非常重要的地位。

10 剧院

除了圆形竞技场，庞贝古城大剧院对古代庞贝人来说是一个非常重要的去处，这里可容纳5000人同时观看普劳图斯（Plautus）和泰伦斯（Terence）等人的戏剧。

09 角斗场

古罗马市民另一项不可或缺的重要消遣，就是在角斗场（"amphitheatre"，又译作"圆形竞技场"）观看各种惊悚场面——从角斗、战车比赛到执行死刑。如今，这里大多举办各种音乐会和公共活动。

02 大街

阿波坦查大道是一条宽阔的大街，这条街道从东向西横断穿过庞贝古城，许多商店、酒吧、浴室、行政大楼、庙宇等建筑并排坐落于此。

05 体育场

庞贝人的另一个重要场所是体育场（the Palaestra），这是一片巨大的草坪区，配有游泳池，周围有一个柱廊环绕。这块场地用于军事训练，也被当地人当作锻炼场所。

04 酒吧

毫不奇怪，酒吧是庞贝人生活中极其重要的一个方面。考古学家在庞贝古城发现了200多家酒吧的遗迹，其中许多酒吧坐落在阿波坦查大道的一个巨大的葡萄园里。

▼ 这张照片拍摄于2011年2月22日港口山（Port Hills），基督城中部（central Christchurch）发生6.3级地震数分钟后

基督城地震

对新西兰基督城 [①] 的居民来说，
2011 年 2 月 22 日一开始也只是寻常不过的一天。
但是，地震发生后，他们的生活却发生了翻天覆地的变化。

----

① 基督城（Christchurch，又译"克赖斯特彻奇市""基督堂市"）是新西兰第三大城市和南岛第一大城。基督城的名字是根据牛津大学基督堂学院而来。

简况

- 死亡人数：185
- 地点：新西兰基督城
- 时间：2011年

地震和火山对新西兰人来说并非什么新鲜事，它们在新西兰独立之前就已经发生过。2011年2月，一场最具破坏性、致命性的地震，震撼了新西兰群岛。一系列地震连续不断地袭击了基督城，许多次地震集中在一个小地方。当时新西兰仍处在从以前的地震中恢复的过程中，因此，这些地震造成了相当大的破坏，大量人员伤亡。

2011年2月22日下午12点51分，基督城人民的生活与以前永远不一样了。对他们而言，地震并不是什么新鲜的事，但是这次地震却摧毁了基督城各地的生命和财产，彻底改变了基督城居民的生活。

在地震震动和建筑物倒塌的隆隆声、扭曲的金属发出的刺耳声以及液化的泥土喷涌而出的咝咝声中，基督城人在苦难中祈祷，有人幸存下来，有人不幸死亡。

对于新西兰人而言，地震已司空见惯。由于新西兰地处环太平洋火山地震带（Ring of Fire），火山爆发半规律地发生，而地震则频频发生。2011年2月的地震与前一次地震，即2010年9月地震，爆发时间非常接近，很多人认

为。2011年2月的地震是2010年9月地震的一次余震。

2011年2月的地震并非一次性大地震，而是一系列较小的地震密集地发生在一块相对较小的区域中。

就像破坏者在不同的地方放置炸弹，以造成最大程度破坏，大自然多次爆发地震，且每一次地震后都扩大了地震的总体威力。

虽然基督城及其居民首当其冲，遭受了地震造成的死亡和破坏，但远不及远方的因弗卡吉尔市（Invercargill，位于基督城之南，距基督城288英里）和陶兰加市（Tauranga，位于基督城之北，距基督城444英里）遭受的影响大。基督城位于新西兰南岛，而陶兰加位于新西兰北

兰德萨——救助无家可归的人

兰德萨成立于1994年，是新西兰自发的搜救组织。兰德萨成员来自新西兰各地，依靠训练有素的专业人员以及民间志愿者在全国范围内提供搜索、救援和后勤服务。兰德萨组织每周7天，每天24小时执行任务，没有报酬。

兰德萨成员超过3000人，分为61个地方团体；兰德萨有11个专业团队，包括兰德萨搜救犬、兰德萨洞穴探测、高山悬崖救援和快速救援队，随时随地提供专业支持。

新西兰搜救工作的牵头机构是警方，他们与包括兰德萨在内的志愿者团体和其他组织合作。兰德萨救援工作由救援协调中心指挥。

地方成员通过短信、电话、寻呼机和电子邮件投入行动。由于没有固定的值班名单或时间表，要求志愿者在任何需要的地方投入行动。无论在悬崖、山丘、海岸线、水域或陆地上，兰德萨的成员随时响应呼唤。

在基督城地震期间，兰德萨团体执行了许多重要的任务。兰德萨在基督城中心东南部的哈尔斯韦尔领地橄榄球俱乐部（the Halswell Domain Rugby Club）之外执行任务，其530名志愿者负责的主要任务是对基督城大约67000名居民发放福利救济金。

兰德萨志愿者们走过一条又一条街道，挨家挨户地敲门。他们免费为需要帮助者提供福利方面的建议及帮助。在此过程之中，他们还通过让居民知道灾情已在掌控之中的方式来提供情感上和心理上的安慰。

每一名核实、发放福利救济金的志愿者到场都意味着有一名警官、士兵、医生和救援人员可以从事其他工作。兰德萨很快证明了自身的价值，为那些最需要的人提供帮助和支持。

▼ 搜救犬执行指令

部，可见本次地震威力之强大。

此次地震最大震级为里氏6.3级，发生在人口密集的市区。尽管此次地震规模小于前一年9月的大地震（7.1级），但这次地震发生在市中心附近的一条浅层断层线上。地理位置决定一切，故而2011年2月的地震比以前历次地震更具破坏性，同时更致命。

地震发生的时间节点作用非常关键，因此，这次地震造成了多人死亡。当时正是午休时间，很多人都在户外，周围矗立着众多带有窗户的钢筋混凝土大楼。大量的砖石、钢梁以及玻璃俯视着他们；好似断头台，刀锋迟早会落下来，只是时间问题。

基督城城内，砖石、扭曲的钢筋以及震碎的玻璃如雨点般落下，造成数十人伤亡。道路一样不安全：从天而降的砖石土块淹没了两辆公共汽车，造成8名市民死于非命。除了基督城电视台和皮恩古尔德公司（Pyne Gould Corporation）大楼外，仅在基督城中心就有36人死亡。

室内的人情况也好不到哪里去。当基督城电视台大楼倒塌时，115人死亡，占这次地震死亡总人数的60%以上。四层楼高的皮恩古尔德公司大楼消失在大量的灰尘、扭曲的钢筋、破碎的玻璃片以及粉碎的混凝土中。当时大楼里有19个人。大约24小时后，只有一名幸存者从废墟中被营救出来。

建筑大楼整栋整栋地倒塌下来。另有数千座大楼遭到毁坏，或者受损，无法修复。尤其是在红岩地区，很多人发现建筑破坏并非来自底部，而是由上方导致的。由于一栋栋楼房的周围都有群山环抱或悬崖俯视，山体滑坡摧毁了建在群山脚下的楼房。

然而，地震并非新西兰地面下唯一的威胁。事实上，土壤才是大麻烦。地震发生时，数以百

▲ 基督城80%的供水和污水处理设施遭到了严重破坏

计也许是成千上万根地下水管和下水道爆裂。

从住户的生活用水管道到污水管道和下水道，一切都遭到了破坏。数百万加仑的清水、污水与新西兰的土壤混合，产生另一种潜在的致命威胁：液化土壤。

在某种程度上，液化土壤并不罕见。这种物质在2010年9月份的地震中曾出现过。不过，这次却异常严重。与2010年9月份相比，在2011年2月发生的地震中，液化土壤情况非常严重，严重得多。

液化土壤产生了数量令人触目惊心的含水淤泥，这是一种类似于泥和流沙的混合物。地下水压和地震的共同作用造成地表断裂。数以千计加仑的含水污泥被向上推，破坏了路面：沥青路从下方开裂、破碎；含水的污泥就像原始的淤泥从地下咕咕地冒出来，淹没了一座座房屋、一座座建筑、一条条道路。

这种油腻腻的、流沙状的污泥引发了更多的

问题。随着水分的流失，污泥又开始凝固，覆盖了基督城的部分地区，就像巧克力黏着在吐司面包上。虽然污泥确实凝固了，但它没有凝固到足以用作建筑用地的程度。成千上万吨凝固污泥必须清理掉，所以大批志愿者在做这项工作。考虑到安全问题，基督城的部分地区，尤其是郊区，不得不从房屋重建单上勾销。

虽然地震从来都不是意料之外的事，但其强度和突发性着实令人胆战心惊。地震和余震总是在不经意之间袭击人们意想不到的地方。无人知道下一次地震何时发生、何地发生，只知道它终会在某个地方发生。地震的随机性打乱了救援和震后恢复工作，让当地居民担惊受怕。

基础设施遭到了严重破坏。令人惊讶的是，虽然电力公司在3天内恢复了75%的电力供应，但是电力供应还是下降了。电话系统服务也受到严重影响，甚至111紧急服务系统也瘫痪了。液化的土壤摧毁并淹没了道路。桥梁已经不再安

"火环"

自然界中的"火环"的正式名称为"环太平洋火山地震带"；它位于太平洋盆地，其形状像一块马蹄铁，占地约4万平方公里。在火山地震带内部，你会发现有海沟、火山弧、火山带、地质构造板块相互摩擦的区域以及火山。火山地震带内有多座火山。

"火环"的命名真是非常贴切。它包含452座火山，约占世界火山总数的75%，而且这些火山都聚集在一片相对较小的区域。构造位移（"tectonic shifts"，即构造板块的边缘沿断层线交接并相互摩擦）使得地震和其他地质活动频繁发生。哪里有熔岩流，哪里就很可能要发生地震。

毫不奇怪，环太平洋火山地震带或许不是最安全的居住地区。人们要时刻关注地震前的板块运动、地震本身、喷薄欲出的火山以及地震余震。尽管这一地区地震灾害频繁，但对科学家和地震学家来说，火山地震带就是他们安身立命之所。地震活动的类型通常就是根据火山地震带来命名的。

新西兰位于火山地震带的南部，这是鲁阿佩胡火山（Mount Ruapehu，地震带上最活跃的火山之一）的所在地，这里是地震频发地带。另一个地震多发区是奥克兰（Auckland）火山区，目前处于休眠状态，但这里至少有40座火山。

新西兰人已经习惯了火山爆发和地震的侵袭。一场灾难往往会引发另一场灾难，反之亦然。作为一个现代工业化国家，新西兰拥有快速应对此类灾害的器械、技术和基础设施。没有什么能够阻止地震、火山以及其造成的严重破坏，但是，新西兰人最有能力、最有经验，他们能够迅速修复地震所带来的破坏，并减少人员伤亡。当然，他们也必须如此。

▲ 新西兰有很多座火山

全，除非修复完好。内置防震保护较少的建筑灾情最为严重，尤其是那些较老的建筑大楼以及那些在前一年地震中受损的建筑。

基督城大教堂（Christchurch Cathedral）的尖塔和部分塔楼沦为了一片尘土瓦砾，后来出于安全考虑，教堂的其余部分也被拆除了。天主教圣餐大教堂（the Catholic Cathedral of the Blessed Sacrament）除了穹顶遭到了严重损坏，其余部分幸免于难。为了安全起见，这座教堂于2012年也被拆除了。

行政服务大楼和政府大楼也遭受重创。基督城的三座主要民事管理大楼都遭到严重破坏，紧

新西兰人执着、坚韧。他们习惯了火山爆发、地震。因此，面对灾难，他们不会惊慌失措，而是采取行动。

急指挥中心被迫搬迁。

基督城最大的办公楼，21层高的普华永道损坏严重，后来被计划拆除，因为当局担心大楼或会坍塌而殃及其他建筑。总的来说，基督城中心商业区过半的建筑，在首次地震中就遭到损毁，后来都不得不拆除。

地震带来的损害和破坏也不仅限于基督城中心。在利特尔顿（Lyttelton），主街上60%的建筑遭到了破坏。两名利特尔顿市民因从天而降的岩石和山体滑坡而死。报时球站①（Timeball Station），新西兰的历史地标之一，遭到了严重的损坏。数月之后，一场6.4级的余震摧毁了余下的一切。

萨姆纳镇（Sumner）发生了山体滑坡和岩崩。液化土壤腐蚀了建筑物，粉碎了的建筑石块震落到地面，或者被掩埋在下落的岩石和滑坡下。首次地震数小时之后，萨姆纳镇部分地区居民被迫迅速疏散。俯瞰此地的山坡上出现了若干裂缝。当局担心会再发生严重的人员伤亡，命令居民们迅速撤离家园。萨姆纳镇有3名居民死亡而当地的地标砂岩（Shag Rock）则有一半陷入了地下，可见地震造成的地面下沉十分严重。

要求人员疏散的地方不止萨姆纳镇。住在红岩区郊区整整12条街道上的居民于2011年2月24日全部撤离。俯瞰这些街道的悬崖经过检查都很不安全，随时会塌，掩埋这些街道，造成数十名甚至数百名居民死亡，这种风险实在太大。他们的担心不无道理，后来山体滑坡果真掩埋了红岩区的部分房屋。幸运的是，那里的居民已经撤离了。

灾害总会造成人员伤亡，此次地震所造成的

---

① 利特尔顿报时球站是新西兰利特尔顿的重要地标性建筑。该站由于2010年至2011年的一系列地震及余震而严重受损，最终于2011年6月13日在一次里氏6.4级的余震中倒塌。

▲ 地震并非是严重的威胁。一些建筑被周围高山上滚下的大石块摧毁

数据

两小时之后，测得最大余震为**5.9级**

基督城地震造成**185人**死亡

地震发生一周内，基督城余震超过**361次**

兰德萨团队访问了**6.7万**多个家庭，发放福利救济金

地震发生一周内，基督城**70%**的供水/污水处理服务得到恢复

志愿者清理了**20多万吨**液化淤泥

由于结构遭到严重破坏、不可修复，**1万**座房屋需要拆除

▲ 由于结构遭到严重破坏、不可修复，1万座房屋需要拆除

尽管资源减少，需求增加，基督城医院的工作人员却不负众望，甚至超出了众人的预期。

人员伤亡更甚。总共有180人在地震中丧生，仅电视台大楼倒塌就造成115人死亡。97名新西兰人丧生，28名日本人和24名中国人遇难，11名菲律宾人遇难。遇难者中有6人来自泰国，3人来自以色列，2人来自韩国。加拿大、爱尔兰、马来西亚、秘鲁、罗马尼亚、俄罗斯、塞尔维亚、土耳其和美国这些国家各有1名公民遇难。

然而，新西兰人执着、坚韧。他们习惯了火山爆发、地震。因此，面对灾难，他们不会惊慌失措，而是采取行动。地震袭击基督城中心的短短数分钟内，灾后应急措施便已全面展开。

新西兰国家危机管理中心（NCMC）立即启动，在惠灵顿的"蜂巢地堡"（Beehive Bunker）之外行动，国家危机管理中心的工作人员很快变得像蜜蜂一样忙碌。"蜂巢地堡"支配着新西兰国家级行动的每一个主要方面，将许多行动决策委派给具体地域的地方官员。在地区级行动上，基督城应急行动中心（Christchurch's Emergency Operations Centre）和附近的坎特伯雷紧急协调中心（Emergency Co-ordination Centre）将国家协调行动与地方行动联系起来。

24小时内，新西兰民防部长约翰·卡特（John Carter）宣布全国进入紧急状态，这是新西兰历史上第二次进入紧急状态。然而，当坎特伯雷紧急协调中心被迫搬迁时，紧急行动被打乱了。

国敦酒店（Copthorne Hotel）就在紧急协调中心常驻基地旁边，看起来似乎有可能倒塌，将行动中心掩埋。紧急协调中心的员工不得不搬到坎特伯雷大学，并在重新履行职责前建好办公地点。这对本来就极其困难的工作毫无帮助。

基督城医院在最困难的情况下做出了了不起的反应。由于基督城医院本身在地震中遭受了重创，医院中的部分人员被隔离、疏散。尽管如此，医院还是在整个灾难时期坚持对外开放。数百名伤员进入医院寻求治疗，其中231人在地震袭击基督城后一小时内死亡。

尽管形势恶劣，医院的工作人员仍坚持继续工作，拯救了许多条生命。总共有6600至6800人因轻伤而接受治疗。第一次治疗高峰期过后，第二次患者蜂拥而至。令工作越发艰难的是，许多人都是因受重伤而寻求救治的。尽管资源减少，需求增加，基督城医院的工作人员却不负众望，甚至超出了众人的预期。

基督城警方也积极参与震后应急工作。323名澳大利亚警官宣誓成为新西兰警察，壮大了警方队伍的力量，他们肩负着维护公共秩序及防止发生大范围混乱的艰巨任务。即使加上澳方警察，基督城大约也只有1200名警员可以执行多项重要任务。

澳大利亚总理茉莉亚·吉拉德（Julia Gillard）迅速对新西兰表示出理解和支持："我们将尽一切努力与我们的新西兰大家庭，约翰·基（John Key）总理及其紧急服务人员、军官、医务人员、搜救团队合作。我们将与他们一起努力，向新西兰提供尽可能多的救助。"

提供帮助的国家和地区并不止澳大利亚。来

基督城大法官酒店 ①

基督城居民面临的最大的安全威胁之一，是其最高的建筑，26层高的大法官酒店。在首次地震中，大法官酒店的结构便遭到了潜在的致命性破坏。首次地震后，大法官酒店便摇摇欲坠，随时可能倒塌。

酒店的紧急楼梯部分坍塌，困在里面的人几乎没有逃出摇摇欲坠的大楼的机会。更糟糕的是，酒店向一侧倾斜了整整1米，因此，整栋大楼移位了50多厘米。

简而言之，大法官酒店随时都有可能倒塌或坠毁。若倒向自身，任何困在酒店内或酒店附近的人几乎必死无疑，而如果酒店像大树一样倒下，两个街区内的建筑可能会遭受其牵连而轰然倒塌。

因此，其周围两个街区的范围立即被设立为禁区，而营救人员连忙将那些仍在街区里面的居民解救出来。与此同时，人们观望着、等待着，大家都知道可能要目击一场宏大的（但是很可能也是致命的）场面。

最终，酒店虽未坍塌，但却无法修复，于是不得不在倒塌之前将其拆除。其后数百次余震中的任何一次都可能导致大法官酒店在基督城中心突然倒塌。当局认为不能冒这种风险。

2011年2月23日，有关方面决定放弃大法官酒店，

但是，在3月4日开始拆除之前，从各方面对大楼临时加固以保持其稳定。接下来的数月里，酒店拆除工作将按部就班、分阶段逐步展开。直到2012年5月，此项工作才终于完成。

考虑到结构性破坏，大法官酒店会以各种各样的方式坍塌。基督城人民明智的预防措施和快速有效的决策手段确保了酒店安全拆除，而未殃及附近的建筑物，以及受困于酒店的人员。

① 基督城大法官酒店，英文原文为"Hotel Grand Chancellor"。由于英文中"chancellor"的意思较多，故也有人将其译作"大臣酒店""校长酒店""总理酒店""大富酒店"等。

▲ 基督城大法官酒店（the Hotel Grand Chancellor，又译"大富酒店"）因地震而倾斜

▲ 液化沙子严重扰乱了救援行动。液化沙子像流沙一样，会随着水分的流失而凝固

自美国、英国、日本、中国以及新加坡的紧急援助物资源源不断地涌入。这些国家和地区都派出了专家、运输设备和物资来帮助新西兰。新西兰总理约翰·基后来谈道，这可能是"新西兰历史上最黑暗的一天"。政府在被宣布为禁区的地方设置安全警戒线。一些地区非常危险，警戒线一直维持到2013年6月。救援队伍组织了萨姆纳、红岩区和基督城中心居民的安全撤离。他们还与像"兰德萨"这样的搜救小组合作，提供家庭联络方式，向相关家庭通报失踪、受伤和死亡的情况。新闻部门也通过当地媒体向公众通报情况，安抚大众内心的恐惧，并向大家保证会尽一切可能提供帮助。

寻找失散的家庭成员本身就是一项艰巨的任务，但工作人员面临的情况更严峻，他们在伯纳姆军营（Burnham Military Camp）里匆忙建起

的紧急太平间执行任务，与病理学家和法医专家一起工作，警察帮助收集证据，使用其法医技能来辨认死者。

军队也发挥了自己的作用。坎特伯雷的新西兰皇家海军舰艇（HMNZS）尤为积极，向因地震和液化而严重受损的利特尔顿地区运送物资。坎特伯雷海军舰艇做出的最大贡献是为约1000名因灾难而无家可归的利特尔顿居民提供了膳食。新西兰国防军开展了有史以来规模最大的国内行动，主要提供后勤支持，同时也协助警察和救助机构。

新西兰空军在运送人员、物资和设备方面发挥了重要的作用。利特尔顿与基督城其他地方失联数日之后，新西兰皇家空军（RNZAF）就克服了这一难题：新西兰空军运输飞机提供了一座重要的"空中桥梁"，成功将人员、设备和备用

品运入、运出利特尔顿。

侦察机通过胶片和摄影机提供准确的最新信息，应急计划人员可以获得灾情进展的鸟瞰图。按照《国际空间与重大灾害宪章》要求，高空卫星在较小规模内也做出了同样重要的贡献。新西兰皇家空军的休伊直升机将人们运送到任何需要的地方。

灾难发生后的数周内，基督城的生活逐渐恢复正常。水、电、污水和电力服务全部恢复，尽管付出了很大的努力。成千上万的建筑经检查，有些被修复，有些则不幸被拆迁。道路被修复，志愿者清理了成千上万加仑的液化（如今已固化）的土壤。

尽管工作负荷大大增加，但行政服务和政府部门开始恢复正常工作。最重要的是，执着、坚韧的新西兰人像对待其他灾难一样处理了这场危机，随后重建开始，回归到正常生活中。

2011年2月地震之后的年月里，新西兰很多地方经过了重建、重新设计、改造以及恢复。为了提高抗震能力，建筑规范已然改变。政府对建筑标准和建筑安全的调查，有助于暴露问题，例如，为什么在2010年9月的地震之后，那么多被认为是安全的建筑在2011年2月的地震中那么轻易倒塌？

伴随基督城的修缮、复原和重建，还会有其他地震发生，地震总会发生的。大自然的雷霆之怒是永远无法战胜的，但是，今天的新西兰已为下一次地震以及下下次地震出了最充分的准备。基督城大部分地区曾经遭到毁坏，但是天灾面前，基督城人民远远不会低头认输。

基督城电视台大厦的悲剧

基督城电视台（CTV）大厦是基督城悲剧的中心，因为地震爆发时，115人被困在大楼之中。大楼直接突然轰然倒塌，无一人生还。这次地震所造成的人员死亡之中，60%左右发生在基督城电视台大厦里。

受害者并非仅为基督城电视台员工。这栋大楼里还有一家诊所和一所英语言语学校。地震爆发时，只有电梯井道还竖立着，但很快就着火了。大楼遭到彻底摧毁，楼内人员无一幸免。

最初，救援人员试图解救出任何可能的幸存者，但是2011年2月23日，他们决定暂停救援工作。当局认为，任何受困在废墟中的人都已必死无疑。由于资源紧张以及其他紧迫事项迫在眉睫，救援工作变成挖掘工作，以便将死者从大楼里弄出来。

造成这些人员死亡的罪魁祸首是建筑监理杰拉尔德·莫顿·希尔特克利夫。尽管他监理过几个大型建筑工程，但有人后来揭露希尔特克利夫根本没有工程学位。他所谓的工程学位及其大多相关身份都是从他以前一位朋友、毕业于英国的谢菲尔德大学的退休工程师威廉·费希尔（William Fisher）那里偷来的。此外，希尔特克利夫还盗得公路工程硕士学位，后来证明，很多事情都是他父亲替他办的。

希尔特克利夫/费舍尔最初拒绝向调查电视台大楼倒塌的皇家委员会提供证据，这引起了人们的怀疑。记者进一步调查，发现了欺诈行为。他最初的学位是伪造的，而他的硕士学位曾被澳大利亚新南威尔士大学吊销。还有消息称，希尔特克利夫不仅是一名造假的工程师，还曾因骗税入狱服刑。

希尔特克利夫的身份作假并不是这栋大楼的唯一纰漏；一份政府报告显示，这座建筑的设计也存在问题。于是，希尔特克利夫的欺骗行为直接造成基督城电视台大厦的设计质量很差，根本无法承受其本该能够承受的压力。有漏洞的设计、虚假的建筑监理，加上地震，最终造成了115人死于非命。

▼ 基督城电视台大楼内的115人全部在地震中遇难

简况

- 死亡人数：1836
- 地点：美国东部
- 时间：2005年8月23日

飓风"卡特里娜"给墨西哥湾沿岸造成了大范围的破坏，淹没了新奥尔良大部分地区，造成大量人员死亡、房屋破损，成千上万人流离失所。

飓风 "卡特里娜"

飓风"卡特里娜"造成 1800 人死亡，
成为美国历史上代价最大的自然灾害，
也开启了传统媒体报道的"新篇章"。

人们绝望地求助，并非为了自己，而是为了亲友。他们个个都编辑短信。有人写道："我妈妈被困在家里了。"另一个人写道："马塞尔已经85岁了。他卧床不起，急需救助。"还有的人写道："镇上的人正试图散发消息：他们需要帮助，有人奄奄一息。"

于是，就这样一条消息接着一条消息。每天都有数十条信息，每条信息背后都是一则令人痛苦的故事，诉说着一种可怕的情形；然而，灾难面前，毫无任何潜在的幸福结局或任何解决方法，就像一本书的最后一页被无情地撕掉一样。"卡特里娜"袭击后的新奥尔良市一片混乱、灾情严重，因此，能够从哪里获得一条消息本身甚至都是一种安慰。

这就是2005年的新奥尔良：当时市民们目睹了飓风"卡特里娜"所带来的所有恐怖和心碎，而这场灾难是美国海岸历史上遭受的最严重的自然灾害之一。这里的人习惯了打开电视或看看门口报纸到没到，而此时突然不得不从不同的渠道寻找信息，因为这些信息能够决定生死。两种媒体形式突然证明了其存在的价值：广播和网络。它们也将成为媒体报道的新篇章。这是新媒体时代的一个分水岭，在此期间，许多市民上网

不仅是为了阅读新闻，更是为了亲自报道新闻。

乔恩·唐利是诺拉网站（NOLA）的编辑，而诺拉网站是为《新奥尔良时代花絮报》（the New Orleans Times-Picayune）而建的，后者源于路易斯安那社区，可追溯到1837年。当飓风"卡特里娜"横扫美国东部大部分地区时，唐利和其他记者在为飓风的报道做准备，飓风的到来将使报道的数量不可避免地激增，但唐利没想到自己的网站竟会如此重要。

2005年8月23日下午5点，佛罗里达州迈阿密的国家飓风中心，发布了第一次警报。此后不久，世人首次意识到一个潜在的问题：在巴哈马群岛上空，迈阿密以东约350英里处，一股热浪和第十号热带低压的残余物之间相互作用显著加强，次日人们便称之为热带风暴。

到了8月25日下午5点，人们越发恐慌。很明显，此时已是一级飓风，风速达到每小时75英里左右；飓风登陆途中，吹倒了一排排树，造成了两人死亡。"卡特里娜"接着继续前行，风力时而减弱时而加强，介于热带风暴和飓风之间。8月26日早上，"卡特里娜"的风速达到每小时100英里。

一天，印第安纳州的布兰登·洛伊（Brendan

在在新奥尔良的话，我会认真考虑马上离开新奥尔良，以防万一。"

他的担心是对的。接下来的两天，飓风"卡特里娜"肆虐。风速开始达到每小时175英里，国家飓风中心已经建议新奥尔良人民应做出最坏的打算。市长雷·纳金（Ray Nagin）立即谨慎行事，争取万无一失，于是立即下达了该市有史以来的第一次强制性撤离的命令。在一次大会上，他告诉居民："但愿能听到好消息，但是飓风十分严重。'卡特里娜'会是一场前所未有的灾难。"所有预测都令人毛骨悚然。

关键问题是新奥尔良位于海平面以下，路易斯安那州州长凯瑟琳·布兰科（Kathleen Blanco）称，海水或许会吞没掉这座城市，有些地方的水位会达到20英尺。原本可以保护新奥尔良的防洪堤，将无法抵御密西西比河（Mississippi River）和庞恰特雷恩湖（Lake Ponchartrain）水位的上涨。人们必须撤离。

但是，并非所有人都撤离了。联邦政府官员、州政府官员和市政府官员，以及堂区监狱的囚犯、游客、医院病人和媒体都允许留下。与此同时，那些因穷困而无法逃离的人得到通知，他

Loy）坐在沙发上，身边只有一台笔记本电脑和一个电视遥控器。他是一名气象爱好者和博客作者，当时他在自己的名为"爱尔兰特洛伊"的网站上分享了自己的想法；突然，他注意到了一则令人非常担忧的消息。"冒着被人指责'危言耸听者'的危险，"他写道，"我们可能距离一场前所未有的大灾难只有3—4天的时间，这场灾难可能在新奥尔良造成多达10万人丧生。如果我现

们可以到位于这座城市的路易斯安那州超级圆顶体育馆（Louisiana Superdome）避难。似乎一切都在当局掌控之中。

有了鲜活的素材，唐利及《新奥尔良时代花絮报》的记者们便着手认真工作。8月29日的头版报道了新奥尔良如何全力以赴为应对"大噩梦"做准备的；不过，这篇文章读起来并不轻松。报社记者格温·菲洛萨（Gwen Filosa）写到了人们在面临称作"最后的寄托"（last resort）时的严峻局面。她描述了无家可归的人横七竖八地躺在露天的人行道上，写到了人们紧紧地抓住床上用品、玩具和其他生活必需品在超级圆顶体育馆内排起了一排排弯弯曲曲的长队。

他们希望，这些东西够接下来的几个晚上用即可，没有任何别的奢望。

《新奥尔良时代花絮报》报道，在其他地方，人们担心数周甚至数月内没有电力或电话服务。有人认为，新奥尔良构造良好的房屋至少有一半的屋顶和墙壁都会坍塌。不过，这只是故事的一部分。第二天，该报的头条就报道了星期一所发生的事故。主标题为"大灾难！"，下面还有其他报道，标题为"洪水吞没了两个社区"和"强烈的风暴过后，水位不断上升"。飓风"卡特里娜"已经抵达。

8月29日当天，新奥尔良便成了受灾最严重的地区。正如当局担心的那样，飓风猛烈地袭击

▲ 自1928年飓风"奥基乔比"①以来，"卡特里娜"是最致命的美国飓风

---

① 1928年奥基乔比飓风（Okeechobeehurricane），又名飓风"圣费利佩二世"，是有纪录以来造成美国丧生人数第二多的热带气旋。

了墨西哥湾沿岸，给密西西比州和阿拉巴马州海岸造成了严重的破坏——摧毁了房屋，将车辆猛地从地上卷起抛向天空，电缆和通信系统瘫痪。飓风还导致新奥尔良80%的地区发生洪水灾害，因此，整座城市压力剧增。

在最恶劣的条件下，避难者就是怀着这样的心情。他们等待救援时，空气质量开始变差。由于大量的人口涌入酷热难耐的超级圆顶体育馆，里面的环境并不卫生，食品和饮用水变得很紧张。人们迫切需要获得家人的音讯以及寻找失踪人员的方法。意识到这一问题的重要性后，当地记者立即努力设法满足民众的需求，巧妙地将各种灾情报道融于一体。

但是，这群记者并不是唯一勇于报道这场灾难的人。博客作者们也努力报道灾情。随着洛伊的博客平衡了市民新闻和个人生活，他便经常更新。他在博客上写道："我今天上午有一个工作面试，还有几节课要上，所以我担心自己不能像过去三天那样疯狂地写博客了。"然而，责任感和主人翁意识，让他在3个小时之后便又开始写博客。

洛伊用自己的博客链接了许多飓风的破坏性图片；他还转载了朋友和网友的博客，后者都是通过访问他的网站与他结识的。但是，他并不孤单。很多当地博客作者使用新奥尔良地铁博客网站（Metblogs）来报道人员疏散状况和问题，而路易斯安那州立大学（Louisiana State University）大众传播学助理教授凯怡·特拉梅尔（Kaye Trammell），也做了一些简单的报道。像致命的卡特里娜网（deadlykatrina.com）或气象频道（The Weather Channel）的博客这样有完整的在线视频报道（streaming video reports）的网站变得十分受欢迎；气象博客试图将不同的个人视角整合起来；日常生活网站（Livejournal.com）的密西西比大学新闻

学助理教授辛西娅·乔伊斯（Cynthia Joyce）说道："这是当时最完美的通讯工具。就飓风'卡特里娜'而言，博客为许多流离失所的人提供了真正意义上的'家'。当时，拥有一个永久网址的网络中心让人十分安心，尤其是当自己真正的家遭到摧毁或无法入住的时候。"

这并不是说专业媒体工作不勤勉。8月29日

为何堤坝决堤了

　　由于新奥尔良的大部分地区都位于海平面以下，为来自密西西比河、庞恰特雷恩湖和墨西哥湾的水海水所包围，该市便渐渐非常依赖一个巨大的堤坝系统，来阻挡像"卡特里娜"这样的飓风所造成的任何重大的洪水泛滥。

　　但是，堤坝系统也崩溃了，前24小时内就有28个提堤决堤。美国陆军工程兵团（Army Corps of Engineers）表示，这是由两个主要因素造成的：其一，联邦工程兵当初没有考虑到暴雨水位会达到这样的高度；其次，他们也没有预料到防洪堤不足以对抗飓风惊人的力量。洪水因无路可走而冲入了碟子状的新奥尔良市。

　　这一点也不奇怪。美国陆军工程兵团曾在20世纪80年代检测过防洪堤的设计，并发现，如果庞恰特雷恩湖一侧的高水位压力过大，防洪堤就会决堤。他们说得没错。但是，还有其他问题：防洪堤设计不良、结构欠妥；这些防洪堤并没有因为额外的力量而紧扣一起，而且其部分防洪堤因建在容易受到洪水侵蚀的地段而坍塌。

晚上8点刚过不久，突然之间，报社意识到，第二天的报纸印不出来、无法发行：洪水不仅毁坏了印刷机，还摧毁了平常出售印刷机的商店，于是，纸质版《新奥尔良时代花絮报》遇到了麻烦。结果，报社的工作人员躲在一个飓风掩体里——没有了窗户的摄像部讨论看看有什么其他替代办法。谢天谢地，由于电力和宽带都完好无损，网络还能够提供这方面服务。

　　很多人已经开始上网，因此《新奥尔良时代花絮报》的记者们完美地满足了读者的需求；他们十分敬业，甚至常常在办公室里过夜。诺拉网站的新闻博客很快成为人们在线获得飓风最新消息的主要方式。许多记者不论专长，纷纷前往新奥尔良的城市和郊区，记录飓风所造成的破坏和

▲ 市民不得不采取紧急措施保护财产，并获得可食用的食物和饮用水

> "博客写作之于飓风'卡特里娜'就像推特之于阿拉伯之春……博客为许多流离失所的人提供了真正意义上的'家'的感觉"。

个人的经历，同时撰写实时报道。

这群记者和博客作者比联邦媒体更有优势：他们经常与灾难发生地的灾民沟通，对灾区情况了如指掌。博客让他们几乎能够实时地了解这座受灾的城市，记录最细微之处；当然，由于他们对自己的领域十分了解，这样的工作方式特别有效。

"'卡特里娜'到来之前，联邦媒体对新奥尔良的异常情况，以及整个墨西哥湾沿岸的异常情况几乎毫无兴趣。"乔伊斯接受采访时说道，"2005年，距离新奥尔良最近的网络局在五个小时路程之外的亚特兰大（Atlanta）。尽管如此，工作人员很快动员起来，提供全天候的报道，有些报道十分精彩，很多报道都能获奖，但很少有报道能立刻对受害者和撤离者产生什么帮助。故此，在区块、超地域层面，博客成为一种非常重要的信息来源"。

在此期间，唐利也做出了一个重要的决定。他停止在诺拉网站上撰写自己的博客，而让该网站成为大家的公告栏。读者们蜂拥而至，请求帮忙寻找失踪人员，救援人员也对上面的信息保持密切关注。该网站发布了能够拯救生命的重要信息，网站浏览量从8月28日的1000万次迅速增长到第二天的1700万次，到周末达到3000万次。工作人员不得不于8月30日撤离，但他们继续报道新闻：报纸只不过是将便携文件格式（PDF）"打印"出来，其后再在网上发布而已。

当然有大量新闻值得撰写。截至周五，路易斯安那州、密西西比州、阿拉巴马州和佛罗里达州已经宣布进入了公共卫生紧急状态。超级圆顶体育馆和新奥尔良会议中心的食物已消耗殆尽，这些事实证明，如今的情况令人很绝望。其间，

无辜的受害者？

美国有线电视新闻网（CNN）的沃尔夫·布利策（Wolf Blitzer）的职业生涯悠久而辉煌，但在飓风"卡特里娜"肆虐过后，他发表了一段颇具争议的言论："我们看到的这些人中，有很多人，几乎所有人，都非常贫困，而且他们可都是黑人。" 他说道，"这将给正在关注这一事件发展的人提出许多问题"。

与飓风"卡特里娜"有关的种族问题是个敏感的问题；自灾难发生以来，人们多次提及这一问题，并普遍认为，对飓风"卡特里娜"的应对措施处理完全失当，突出表现为救灾不力，救援工作失败。但是，大家普遍感觉，种族因素很可能也起了重要的作用。

许多人都无法离开新奥尔良，飓风来袭时的滞留者们称，他们没有条件撤离。有人告知他们去指定的建筑中寻求庇护，但当局似乎缺乏领导魄力，实施救援行动时反应不够有效、不够迅速，没有充分准备好为寻求避难的人提供帮助。

人们普遍感到：粮食供应明显不足，不得不设法自谋生路。越来越多的人认为，美国政府对黑人的生活漠不关心；如果灾难发生在另外一个由不同种族构成的地区，那么第一时间的救援也许就会迅速得多。

灾难发生后的民意调查显示：60%的黑人认为种族歧视是救灾行动迟缓的原因之一，而只有12%的白人支持同样的看法。诸多以白人为主的评论员表示：当地居民们根本没有注意到这些警告，他们几乎把自己陷入如此处境的责任归咎于他们是黑人。

无论如何，美国总统乔治·布什承认，政府的应急反应工作存在"严重问题"。当时，布什总统因未能及时对新奥尔良的飓风灾难事件做出反应，而受到严厉的批评。飓风"卡特里娜"造成的社会后果是，美国黑人的种族乐观主义的崩溃；毫无疑问，这场灾难在此后的10年里给美国留下了不可磨灭的印记。

该网站变得越发重要。论坛十分活跃，主动提供援助的提议如潮水般涌来。

然而，可用的渠道并不限于网站和博客。成千上万的人也在收听电台，尤其是WWL电台调幅广播（WWL-AM）。新闻主播兼调查记者加兰·罗比内特（Garland Robinette）在一个临时工作室里播报新闻，该工作室建在WWL电台办公室内的一个小房间内，这样做的目的是保护自己免受从砸碎的玻璃窗里呼啸而入的阵阵寒风的侵袭。

听众们认真听罗比内特讲的每一个字，以期发现疏散撤离计划，并查明哪些街区灾害最为严重。考虑到飓风"卡特里娜"威力很大，摧毁了大量的房屋，该电台给人们提供其所需的一切信息，帮助他们了解救援队何时会到达，以及短期内会发生什么。越来越显而易见的是，当局并没有尽其所能地处理好这场灾难，因此，人们越来越愤怒，因为他们认为政府几乎没有采取任何措施来帮助他们。

9月2日，民愤爆发，从WWL电台中也听到了人们的怨言。罗比内特询问纳金市长需要什么。纳金市长毫不犹豫地回答说："我需要增援、需要军队、需要500辆巴士。"成千上万名听众听到了这次坦率的采访，其中许多人用的是应急背包里电池供电的收音机。形势的紧迫性显而易见。

有人谈及要求公立学校校车驾驶员帮助疏散，纳金听到此言论表示了愤怒："你不会是在开玩笑吧；这是一场全国性的灾难。让全国所有该死的灰狗巴士都排好队，赶紧去新奥尔良吧。"他给美国总统乔治·布什传了口信："我们每拖延一天，就会有更多的人会死亡；我敢打赌，死亡人数将超过数百人。"

WWL的滚动新闻报道在其他广播电台同时播出，这样收听到的人就可能更多。这就会敦促人们离开这座城市，而政府决定允许人们在停电期间继续听广播，这就等于给电台做了广告。到了星期一，WWL成为唯一一家现场直播的电台。

为了让尽可能多的人听到报道，广播团体以

纳金给美国总统乔治·布什传了口信："我们每拖延一天，就会有更多的人会死亡；我敢打赌，死亡人数将超过数百人。"

新奥尔良联合广播电台的名义，联手一起同时播出WWL的节目。据估计，有15个电台整合了自己的节目和工程资源，设立了一条免费热线，让人们得以跟大家分享自己的所见所闻。

电话热线不断，人们试图联系其他人或者跟他人分享自己对周围的海水不断上涨的担心。接连打入电话的人，对于同样的情景，都有一种难以置信的似曾相识的感觉。毫无疑问，人们渴望被倾听，而且人们有一种责任感去汇报正在发生的一切。

WWL电台控股股东、恩特康通信公司（Entercom Communications）总裁兼首席执行官大卫·菲尔德说："如今，新奥尔良人民比以往任何时候，都更加依赖电台以获取消息、保持沟通。在整个风暴及其不幸的后果之中，我们WWL电台调幅频道的工作人员为社会提供了至关重要的新闻和信息生命线。"

他说得没错。新闻机构和博客作者不仅为自己的网站，也为报社和电视频道提供文字、图像和视频，他们的努力工作有助于保持重要信息渠道的畅通。肯塔基州、阿拉巴马州、佐治亚州、俄亥俄州、佛罗里达州、密西西比州、路易斯安那州和其他受"卡特里娜"影响的地方亦是如此。诺拉网站获得了"普利策突发新闻奖"（the Breaking News Pulitzer Prize），并与位于比洛克西（Biloxi）的《太阳先驱报》（*Sun Herald*）共同获得了公共服务普利策奖（the Public Service Pulitzer）。这也表明了基层报道对救济工作的巨大促进作用。

当然，即使风暴渐渐平息，还有许多问题急待处理。比如，有大规模的救援工作要做，还有修复和重建工作。飓风对经济和环境的影响都是巨大的。社会秩序混乱问题需要解决，需要招募成千上万的国民警卫队和联邦军队。人们不断地批评政府应急措施缓慢，对布什总统也进行了直接的批评。但是，大家对不知疲倦的当地媒体点赞不断，博客作者帮助人们了解到最混乱的实际情形也得到了当地媒体的称赞。没有他们，情况不敢想象，会糟糕得多。

飓风"哈维"

**地点：美国得克萨斯州和
路易斯安那州**

时间：2017年

飓风"哈维"是美国历史上人员财产损失
最大的自然灾害之一：107人在与风暴相
关的灾害中丧生，成千上万人流离失
所，需要救援，经济损失高达约
1250亿美元。

简况

- 死亡人数：722
- 地点：菲律宾吕宋岛中部
- 时间：1991年6月15日

一系列小地震之后，正当一场可怕的台风袭击了菲律宾小镇时，皮纳图博火山爆发了。要是没有科学家收集来的情报，造成的死亡人数会是灾难性的。

皮纳图博火山爆发

正当台风来袭时，皮纳图博火山爆发了。
然而，科学家是如何帮助成千上万人成功逃生的呢？

美国火山灾难援助项目（Volcano Disaster Assistance Program）小组成员们正紧张地在办公室里踱来踱去，伸手去拿咖啡，让自己的头脑变得更加清醒。1991年6月10日傍晚，他们就当天的一个议题做出了一个重大决定。此前，由于这个问题，他们曾多次与美国驻菲律宾军方发生冲突。

美国地质调查局（USGS）火山灾难援助项目小组成员忧心忡忡，大家密切地监视着皮纳图博火山，因为他们预测这座火山即将喷发。然而，他们不能确定将会发生什么情况。他们只知道他们迫切地需要这座火山爆发。

皮纳图博火山坐落在菲律宾吕宋岛上，在首都马尼拉的西北，距离马尼拉只有90公里。这座火山位于丛林密布的三叠纪山脉（Zambales mountain）的中间，截至1991年，已经沉睡了接近500年。对于居住在火山方圆40公里以内的50万人来说，皮纳图博山仅仅是自然界的一种地下设施，而这种地下设施当地人通常是看不到的。在他们的有生之年，皮纳图博山从未构成任何危险，甚至几乎没有几个人听说过，并亲眼看到过这座山脉。然而，这种情况即将改变。3月15日，菲律宾火山学和地震学研究所（PIVS）

注意到一系列地震观察；情况越来越明显，皮纳图博山即将苏醒。

到4月2日，问题已经很清楚了。一条长约1.5公里的裂缝出现在现存的熔岩穹顶的北侧。应菲律宾火山学和地震学研究所的请求，美国地质勘探局于随后的数次蒸汽爆炸后派出一支由三人组成的小组前往菲律宾，帮助菲方不分昼夜地监测火山。当一连串爆炸事件发生时，美方又派出另一支包括火山学家约翰·埃沃特（John Ewert）的小组。大家卷起衣袖，便开始认真工作。

埃沃特称："当时，人们普遍不知道皮纳图博山是一座活火山；它在丛林中毫不起眼，不是人们所熟悉的巨大的锥形火山。我们进入皮纳图博山时，火山还没有爆发。4月2日火山爆发之前，附近没有地震仪器，因此，我们一切从头开始搜寻。除了记忆中皮纳图博火山从未爆发过之外，我们对这座火山知之甚少。"

4月2日过后，菲律宾火山学家在火山的西北部安放了几台便携式地震记录仪；5天后，人们接到通知，通知要求距离火山顶峰10公里以内的所有人都必须撤离。美国地质勘探局小组成员到达后，他们又添置了无线电遥测仪。尽管人们关

▲ 火山学家莫里斯（Maurice）和卡迪亚·克拉夫特（Katia Krafft）

人员疏散案例

　　说服人员撤离并非易事，但是，对于这次皮纳图博火山爆发来说，专家们得益于另外两次灾害的帮助。第一次是1985年哥伦比亚北部的内瓦多·德尔·鲁伊斯（Nevado del Ruiz）火山爆发，这次地震引发了泥石流，造成2.3万人死亡。

　　"那场灾难是科学家、官方和大众之间沟通不畅的结果，所以，火山学界决心改善科学家与决策者沟通的方式。"火山学家约翰·埃沃特说道。

　　第二场灾难涉及火山学家、录像师莫里斯·克拉夫特（Maurice Krafft）和卡迪亚·克拉夫特（Katia Krafft）夫妇，他们二人受国际火山学协会（the International Association of Volcanology）的委托，制作关于火山现象及其对人类和农业影响的具有教育意义的视频。他们接到的第一个任务是研究哥伦比亚火山爆发的后果。

　　克拉夫特夫妇制作了一段名为《了解火山之危害》的视频。到达菲律宾的美国地质勘探团队使用了其中一段粗略的剪辑，来说明他们对皮纳图博火山可能爆发的看法。不幸的是，6月3日，克拉夫特夫妇在拍摄日本云仙山（Mount Unze）火山喷发时，火山碎屑流导致41人死亡，他们两位也在其中。

　　"这对夫妻的牺牲对我们的科学团队以及我们试图说服的人群产生了巨大的影响。"埃沃特说："我们会说，看，这就是内瓦多·德尔·鲁伊斯火山爆发的视频；不过，要知道制作这段视频的两个人刚刚于几天前在一次火山碎屑流中遇难。你们应当认真对待这件事。"

▼ 军队和平民从克拉克空军基地撤离

注的是火山本身，但是他们非常担心周围的环境安全。因为这座火山不仅靠近住着数十万居民的天使城（Angeles），而且位于当时美国最大的两个驻菲军事基地之间：苏比克海军基地（the Subic Naval Base）和克拉克空军基地（the Clark Air Base）。

　　克拉克空军基地有常住人口1.5万，而天使城的经济十分依赖克拉克空军基地，但克拉克空军基地当时也处于敏感时期。当团队开始起草疏散计划时，不得不就灾难管理由谁主导的问题进行协谈。

　　"我们的目标是弄清楚，皮纳图博火山会给菲律宾和美国两个军事基地带来什么危险。"埃沃特说道，如今他已是美国地质勘探局温哥华喀斯开火山观测站（Cascades Volcano Observatory）的首席科学家。"我们当时正在观察是否能预测火山爆发的时间，但这两个基地是科学家们感到头痛和焦虑的来源。美方担心，如果美军撤离了，那就等同于他们放弃了基地，这可不是军方高层和美国外交界当时希望看到的情形。"从某些方面来说，这是一场势均力敌的战斗，但是，双方都明白这事必须得到合理解决。

　　为了更准确地预估火山爆发的时间，埃沃特准备用倾斜仪作为地震监测器的补充。他说："倾斜仪本质上就是电子木匠的水平，但是非常灵敏。"当火山下面的岩浆库上涌或通向地表的管道打开时，这些仪器便可用来探测火山岩浆库的膨胀程度。随着时间的推移，他们的担心变得越来越强烈。6月3日，岩浆第一次爆发之前，他们就知道必须尽快实施相关计划。

　　四天之内，确实发生了一场大爆炸，爆炸产生了一柱火山灰，这一火山灰柱直冲云霄7公里。此刻是时候劝说人们必须撤离了，否则火山即将发动袭击，大家必死无疑。

大约有 1.4 万人手里拎着行李穿过田野。

科学家、官员以及公众之间的会谈仍在继续。与此同时，美国火山灾难援助项目小组观察到之前火山的沉积物，试图拼凑线索并推测出将会发生什么。随着一团团火山灰不断渗入空气之中，研究小组认为必须采取行动了。由各方通知，方圆20公里内的所有人都必须撤离。

然而，很快就轮到居住在克拉克空军基地的军人及其家属撤离了。经过一番劝说，6月10日上午，撤离行动开始了：大约有1.4万人手里拎着行李穿过田野，来到正在等待他们的巴士跟前，这些巴士都是前来帮助他们撤离的。正如预料中一样，一切秩序井然，风平浪静，但其他地方仍有阻力。"天使城市长认定美国人说天要塌下来是胆小鬼的做法，"埃沃特说，"天使城市长宣称，大家没必要担心，每个人都应该照常生活或工作。他后来没有再次当选市长。"原因显而易见。

6月12日上午8点51分，维苏威火山式的爆发持续了20分钟，形成了19公里高的火山灰云。埃沃特心怀敬畏地说道："当时的场景让

▲ 克拉克空军基地，约9厘米厚的火山灰似毯子般覆盖在车辆上

火山喷发的后果

火山爆发之后，景色完全变了样。"天地间一片灰茫茫，异常单调，空气中有一丝刺鼻的硫黄气味，"火山学家和目击者约翰·埃沃特描述道。火山和台风也对地面也造成了严重的破坏。

"如果你把五立方公里至七立方公里的材料碎片放在一块高原地区，还好有一场降雨量高达好几厘米的台风时，就会见证泥石流爆发。"埃沃特解释道，"因为火山灰具有防水的属性，雨水不像往常那样在正常土壤中渗透下去，雨水里就会聚集着松散的材料碎片。雨水流向山下过程中夹杂的东西会越来越多，所以你就会看到这些混凝土似的物质源源不断地流动。这些物质非常密集；以皮纳

图博火山喷发为例，这些物质滚烫，因为它们刚刚从火山碎屑流中的沉积物中流出。

"因此，你就会看到这种400摄氏度至500摄氏度的炽热物质，遇到雨水，沿着山坡向下流动。在接下来的10年里，将给皮纳图博火山周围的3个省份带来了诸多问题。"

灾难过后，幸存者也感到不舒服。"天气闷热且潮湿，"埃沃特说，"你可以想象一下，在32或33摄氏度时，滑石粉大小的灰尘一直粘在你的身上，这会多么难受。沙砾容易附着在所有东西上面。我花了4天时间才把火山灰从自己头发中和身体上除掉。"

人敬畏不已。火山灰形成了一个巨大的伞状云，非常清晰，非常漂亮，大家都能看到。"埃沃特松了口气。"人们可能此时终于明白，这是一件大事，大灾难正在发生。"一股超大规模的火山碎屑流从山顶向外延伸了4公里，但这一切才刚刚开始。"幸运的是，最初几次爆炸都发生在白天，这时人们都能看得清。"埃沃特说道，他认为在这样的时间节点爆炸有利于开展随后的疏散撤离工作。"我们在爆炸发生48小时前才撤离，不过，尽管我们都疲惫不堪，压力很大，但我们

都感到很幸运：我们的预测得到了证实。"

3天之后，皮纳图博火山全力喷发。火山喷发云升至34公里的高空，而伞状云横跨400公里。石头碎片撞击在一起，声音几乎震耳欲聋。"所幸的是，火山按常规方式爆发，所以人们比较幸运。"深处其中的埃沃特说道。

然而，没有人能算到，火山爆发达到巅峰的同时，向西移动的台风"云雅"（Yunya）会转而向东北方向奔去，打乱了火山爆发的原有节奏。"云雅"风速高达每小时195公里，于6月

15日袭击了吕宋岛南部。暴雨摧毁了大地，造成了数次湍急的洪水爆发，冲走了一栋栋房屋。台风"云雅"与火山灰混合在一起，情况变得更加糟糕。

"如果有人告诉我，我会出现在20世纪最大的火山爆发之一的现场，还有，同一天将有台风登陆，并翻越火山，我就会说，不，这种可能性极小，小到几乎不可能，这不是什么我能预先想到的事情，但是我遇到了。"埃沃特说，"这样的灾难还是发生了。"

火山灰落在屋顶上，而此时大雨滂沱，火山灰与雨水结合在一起，在建筑物上形成巨大的火山灰岩浆块，楼房不堪重负，纷纷在重压下倒塌，顿时数百人丧生。埃沃特称："火山喷口形成时，地震震散了建筑结构，所以在负荷和大风的作用下，房屋根本经受不住。总的来说，大部

分伤亡发生在6月15日。人们都在避难，亲眼看到建筑物倒在自己身上。"

当他们在克拉克空军基地的办公室里完成最后一次观察工作时，美国火山灾难援助项目小组的仪器都遭到了破坏，情况十分危险。于是，大家决定加入25万名撤离人口的行列之中。"下午2点，我们撤离了克拉克空军基地，只留下了唯一一台还在运行的仪器。"这是一步好棋，因为基地遭到了广泛的、严重的破坏，最终不得不被永远废弃，菲律宾政府无法就租赁这一遭受重创的地区达成新的条款。

当尘埃落定，好消息和坏消息都有。死亡人数大约800人，1万多人无家可归。但是，由于科学家们的早期预警行动，估计挽救了约2万人的生命。

简况

- 死亡人数：1.5万以上
- 地点：日本东北
- 时间：2011年3月11日

自广岛和长崎两次原子弹爆炸以来，东北事件是日本遭受的最大灾难。

日本东北地震和
福岛核泄漏事故

2011年，三场多米诺骨牌般的灾难使日本首都陷入崩溃，
几乎瞬间让一个强国土崩瓦解。

▲ 这次地震非常强烈，远在6557英里之外的美国马萨诸塞州都有震感

如何预防更严重的灾难

虽然地震会吓到其他国家，但日本这个民族对地震比较适应。在过去的50多年里，日本精心制定了一系列预防地震的措施和方法，以确保国家迅速做出反应，把人员伤亡减少到最低的程度。

预防的核心是地震预警系统，它全天候监测板块的构造运动。地震活动被记录之后，日本气象厅（Japan Meteorological Society）会对数据进行校对，然后向全国播报，说明地震的严重程度及其震源。

地震即将发生时，所有广播电台和电视频道立即切换到一个紧急频道，因为该频道会播放有关安全措施以及疏散通知的信息。

根据法律，若地基深厚、坚固并可以减少地震破坏作用的巨大的减震器的帮助，建筑物就能抗震。再与一种巧妙的方法结合，这种方法使建筑物的地基能够半独立地向上部结构移动，从而减少地震所造成的震动。

在学校，孩子们每月参加一次地震演习。在操场上，他们在一块开放的地方进行训练，以躲避掉落的瓦砾碎石；在室内，他们被教育使用充气滑梯以安全逃生。消防部门定期在地震模拟场所进行演习，确保年轻人可以了解震级高的地震到底有多危险。

▼ 日本儿童参加地震演习

在2011年灾难性的一天到来之前，素以郁郁葱葱的青山、夏季成熟的水果以及宁静的温泉而闻名的福岛地区一片安静祥和。日本东北部的这片宁静地区景色曾美得令人羡慕，然而，这一切后来被与其自然景象形成了真实的对比所打破：即与福岛县首府同名的福岛第一核电站（the Fukushima Daiichi Nuclear Polar Plant）。这座核电站建于1971年，占地3.5平方公里，是日本最重要的电力源之一，当时是地球上最大的15座核电站之一。就像一只工业怪兽，福岛第一核电站与其"姐妹"核电站地理位置十分相似，但这曾是一项工程壮举，激发了许多曾在那里工作的人的民族自豪感。

2011年3月11日星期五，宁静、田园诗般的福岛县遭受重创。短短几个小时内，一场地震彻底动摇了日本；紧接着，地震引发了一场威力巨大的海啸：海啸将一座座住宅、一家家企业和一座座学校像被清理薄纸一般一扫而光。随后，洪水到达了整个福岛地区最危险的地点——福岛核电站。很快，因为核电站放射性物质泄漏，一个经受地震袭击、被洪水淹没、连续遭受重创的地区，将会遭受致命的辐射物质的荼毒。这场灾难由三场可怕的灾害组成，但这场灾难回避了一个非常重要的问题，即，像日本这样经历过多次地震洗礼的国家，当时真正为灾难的后果做好了准备吗？

2011年3月11日早上，如往常一样，福岛市（核电站所在的同名城市）的人们开始了一天的生计。13个区近30万人照常工作的工作、学习的学习，大家欢声笑语地度过了整个早晨；当远海捕渔船和工业船只驶入港口时，空气中弥漫着响亮的喇叭声。此时的福岛充满生机，富有活力，宛如人间天堂，但是，这儿的人根本不知道福岛下面的地球将要爆发，就如被无形的神秘力量打破。

▼ 国际救援工作已经启动，帮助运送食物和其他援助物资给日本灾民

▲ 福岛核泄漏事故的放射性坠尘使得周围的一些地区无法居住

福岛核泄漏事故所造成的人员伤亡

因为地震、海啸和核泄露事故的三重打击都在短短几天内发生，所以，若把福岛核事故仅仅描述为一场灾难，似乎有些轻描淡写。然而，无论用什么词来形容，都无法准确概括地震和由地震引起的海啸所造成的重大人员伤亡。

到2011年日本已经开始震后复苏为止，已有15894人丧生。据日本消防厅的统计，约有2000人死于震后，另有2500人至此仍下落不明，估计已丧生。

根据国家日本警察厅公布的数据，95%的人溺水而死，其中65%的人年龄在65岁及以上。在所有遇难者中，有19名外国人，分别来自美国、加拿大、中国、菲律宾、巴基斯坦、朝鲜和韩国。

耐人寻味的是，截至2016年，尚未有记录表明辐射中毒是造成人员死亡的主要原因。日本当局和应急服务部门应该承担大部分预防工作。福岛第一场地震发生之后，他们的疏散计划帮助福岛一半以上的居民疏散到了安全距离之外。

▲ 人们树竖纪念碑纪念地震死难者和失踪者

在福岛市和日本其他地方的地下深处，地幔正在下沉。日本位于一个镶嵌构造区和两大板块——大陆板块和太平洋板块的交汇处之间，但是能让这两个板块位置固定的谐力（一股名叫潜没力的力量）正在发生变化。两大板块之间形成的地质断层线，也就是日本海沟，突然陷入混乱。太平洋板块开始进一步滑向大陆板块下方，将面积相当于整个康涅狄格州大小的海床抬升了80公里。

日本诸岛下方的巨大震动，产生了一股强大到全世界都能感受到的力量。地下翻江倒海的能量产生了一次地质回声，结果一场瞬时震级为9.0级的大地震爆发了。这是日本历史上最强烈的地震，也是人类历史上第四大地震。顷刻间，地震释放其全部力量，彻底动摇了日本的根基。时间是下午2点46分。

6分钟内，地震摧毁了一切事物。6分钟内，地面本身似乎都在剧烈地摇晃、翻滚。窗户震得粉碎，一座座楼房猛地前倾，看起来这些楼房随时可能倒塌，因此，生存的基础似乎遭到彻底摧毁。空气中到处弥漫着恐惧，尖叫声和哭喊声随处可闻，随着油箱破裂，远处传来隆隆的爆炸声。整座城市陷入瘫痪，交通网络戛然中断，全区电网全部切断。

地震平息后，福岛和日本其他地方的居民都在努力振作起来。汽车翻倒了，有些车辆着火了；整栋整栋住房四分五裂，到处都是玻璃碎片和灰尘。但是，日本民族没有被击垮，从北海道到东京，痛苦和混乱的程度各不相同，但人们没有被压倒性的恐慌感所笼罩。人们似乎都有一种怪异的兴奋感，一场强烈的地震来了又去，尽管混乱不堪，但生活依然如故。

尽管地震很严重，日本并非毫无准备。日本的地震预警（EEW）系统是世界上最精确，也是最昂贵的之一，配有10000多个传感器。由于日本每年要承受1500次大大小小的地震，所以

汹涌的洪水冲进了机场，将一辆辆汽车和一架架飞机冲倒到一边。

日本气象厅（JMA）总是密切关注任何地质活动，以防范可能危及生命安全的地震。地震发生前大约1分钟，地震预警系统探测到两大板块在移动。地震开始8秒钟前，系统向公众发出了全国性警报。几乎毫无时间准备，但是一些民众已先得到通知，并已努力做好准备工作。

半小时之后，即下午3时8分，第一次余震开始了，强度为7.4级，只持续了几分钟。不久后又会有一次余震袭击，但是这次袭击并没有那么强烈（随着时间的推移，这些余震强度会逐渐减弱，但地震平息后会持续很长时间）。当日本人民开始振作起来的时候，那些摧毁他们家园和企业的力量正迅速注入到海洋中，产生了巨大的地震能量，这些能量足以为洛杉矶市供电一年。

日本气象厅的地震早期预警系统记录了一次海上不断加剧的海啸，这次海啸异常凶猛，立即被归类为"大海啸"。日本气象厅估计，海啸将在半小时内与日本海岸相撞，预计其高度可达3米。据报道，下午3点55分，即首次地震1个小时之后，海啸与仙台机场相撞。这是袭击日本东北部地区众多巨浪的第一波，巨浪高达39米。

汹涌的洪水冲进了机场；当洪水漫到附近地带时，将一辆辆汽车和一架架飞机冲倒到一边。人们徒步逃跑，但都无济于事，还有一些人试图在通往机场的道路上逃跑。洪水继续肆虐，力量丝毫没有减弱。几分钟之内，汹涌的海啸将成千上万人吞没或摔死。4米高的海啸袭击了岩手县，冲入若林区，这儿安置着101个疏散点。

与诸多地震或者海啸事件一样，海浪冲击日本造成的破坏远远超过地震及其余震。潮水将整座整座的城镇完全淹没、支解。久慈市（Kuji）

大部分地区和大船渡市（Ōfunato）的南部地区，包括港口地区，几乎全军湮灭。最初的死亡人数很多，这是由海啸巨浪所造成的；逃难的市民认为可以在更高的地方避难，却没想到的是，猛烈的海浪无情地冲上去将他们吞没。由于海啸冲到三层楼高，陆前高田市（Rikuzentakata）完全被摧毁，灾民们妻离子散，流离失所。

海啸不会定期袭击同一个地方，因此，海浪猛烈地袭击日本东北海岸的不同地区，其高度从盐斧—仙台港的盐斧段4米高到大船渡市港口的令人毛骨悚然的24米高不等。甚至有消息说，海啸已经在日本东北地区的岩手县宫古市达到40.5米高。这次海啸非常猛烈，百年难遇，它正全力

数据

日本东北地区地震持续**6分钟**

日本东北地震的麦氏震级为**9级**
(the Mercalli Scale)

日本东北地震中的最大重力加速度为**299倍**

灾后失踪**2562人**

余震次数总数为**1450次** (截至2015年3月)

福岛核泄漏事故造成的非致命性伤害**37人**

地震发生后立即关掉了**3个**发电核反应堆

如何冷却核反应堆

　　想要全面理解为何要冷却核反应堆的堆芯，首先必须考虑到，如果内部的放射性物质不加控制地升温，会导致何种结果。这个过程非常吸引人，但这个过程提醒我们，如像福岛第一核电站那样出现故障，那么后果将多么可怕！

　　如果冷却剂没有被不断地泵送至堆芯，反应堆里的材料就会开始升温。简而言之，这种热量是铀原子分裂时产生的能量。铀是一种天然的不稳定元素，而核反应堆则利用这种不稳定性来控制铀-235同位素裂变（分裂的另一种说法）发生时释放出来的能量。

　　为了调节并产生更多的核裂变，反应堆必须降低堆芯的温度，从而使核裂变的连续链式反应产生更多的裂变，继而产生更多的能量。这是通过使用冷却剂或"慢化剂"来实现的，通常借助水或石墨来完成。水是最常见的慢化剂之一，它的存在减慢了铀原子核中中子的产生。

　　钚大约占核反应堆产生能量的三分之一；然而，这种元素实际上是裂变过程的副产品，人们认为其毫无用处。尽管如此，由于钚衰变的速度很快，它自然会表现出很高的自发裂变率。这种衰变的物质极易挥发，而在福岛核电站灾难的初期，专业人员检测到的正是这种放射性物质从其中一个反应堆里泄漏出来。

　　核反应堆的堆芯以及内部的裂变链式反应，通常都包含在一个钢制容器之中，这样就使得工程师能够保持水以液体状态围绕堆芯流动，即使在320摄氏度的温度下亦是如此。需要数百加仑的水不断调节温度，以防止反应堆产生过多的裂变从而过热导致熔毁，因此需要这样的大型发电机。

▲ 东京的一些地区被地震和海啸摧毁

打击日本。整座福岛市的水位已经到达了最危险的地方：福岛第一核电站。

　　地震发生时，人们启动了核电站应急方案，关闭反应堆并中断持续的裂变反应。由于核电站已停止产生电力，在其需为自身及附近地区供电的情况下，核电站无法再为发电机供电，从而发电机无法将反应堆温度维持在安全水平。然而，一组紧急发电机将会启动，以确保一切设施都是安全和可控的。

然而，尽管人们设计此核电站时考虑了抵御地震，却没有考虑到这种特大震级的地震。现场的工作人员，目睹了许多反应堆的堆壁开始破裂、崩溃。甚至在海啸来袭之前，工作人员们就已经开始逃离现场。人们对核电站用来运营核电站而维持不稳定材料能力的信心远远不足。

下午3点40分左右，也就是地震第一次冲击波50分钟后，一股13—15米高的海啸浪潮与核电站相撞，核电站开始浸满海水。由于核电站的海堤只有5.7米高，强劲的海浪轻而易举地漫过。海水冲入建筑群，把工作人员冲撞到墙上，淹没在急流中。水流涌入每个空间，并开始淹没核电站的地下室。下午3点41分，涌入的洪水导致应急发电机组无法运行；突然间，一种灾难性局面升级到了难以想象的程度，反应堆开始过热。

由于水位不断上涨，第二组备用系统也无

福岛的遗产

自从地震、海啸和核电站泄漏三场灾难夷平了福岛和周边的城镇，把这些地方变成了切尔诺贝利式的鬼城，已经过去5年了。2016年，福岛这个曾经很繁荣的日本城市，如今处于其昔日诡异宁静的阴影之下。5年之后，福岛依然遭受着日本历史上最严重的核事故的困扰。

与同名的城市很相似，福岛大部分地区如今是一片被封锁的荒地，到处都是惨遭废弃的房屋、企业和学校。杂草从坚固的混凝土路上破土而出，而废弃汽车的车篷上可以看到一层层厚厚的铁锈，这表明当时人们被迫在短短几小时内迅速起身离开。核电站周围有一块20公里宽的大型死亡放射性地带，人们认定其太危险而不宜居住。

距离福岛第一核电站最近的居民区双叶町（Futaba）小镇，就坐落在这片死亡区域内，这儿仍然是污染最严重的地区之一。这个地方泄漏的核电站太近，很可能会沦为一个放射性垃圾场，人们认为其太危险了，再也不宜居住。

在灾难发生前，疏散区内的另一个城镇，樽叶町（Naraha）的人口只有7000人，今天这里仍然令人毛骨悚然。最近，日本政府认为这里足够安全，可以住人了，这标志着日本经济正在缓慢复苏；然而，人们对这样的地方仍然缺乏足够的信心，因此，几乎没有什么日本公民回到樽叶町定居。福岛事件不仅影响了一个地区的经济，还动摇了整个国家依靠核能的信心，永远将核能依赖问题摆在了政府面前。

法启动。应急服务会自动通知，并紧急运送应急发电机到现场，以停止此时未冷却的发电机。然而，泥石流和被洪水淹没的街道，导致大型便携式发电机直到晚上9点才到达现场——此时离地震第一次袭击已经过了5个小时。由于水位过高，大型便携式发电机到达时，没有人能够成功地将应急发电机连接起来。如果得不到充分的冷却，堆芯将会熔化。这样就意味着辐射性物质会溢出并污染整个地区。一场噩梦已经成真了。

专家们正在远程监控反应堆的堆芯熔化程度，所以需要很长时间才能认识到情况到底有多严重。简单地说，如果堆芯过热，核反应堆就会爆炸，以一股空气热浪形式散发辐射。日本政府别无选择，由于海啸持续不断袭击日本陆地，此地已经被夷为平地，必须疏散人员，封锁核电站。为防止核反应堆熔毁和爆炸，政府下令所有人必须撤离到2公里以外的地方。

7个小时之后，消息传出：反应堆的堆芯内部压力水平持续上升，达到了临界点，撤离范围扩大到10公里之外。放射性衰变不断提高堆芯的温度，反过来产生了巨大的氢气量，接近其容量的极限。第二天凌晨3点30分，一号反应堆无法承受更多压力而爆炸。随着反应堆顶部被炸飞，一小部分放射性物质被喷射到空气中。

由于恐慌情绪，日本军队如今被部署在各条街道上，帮助运送灾民离开遭受洪水破坏的地区。福岛人民不仅得忍受地震，还得面对有史以来日本遭遇的最具破坏性的海啸的袭击，而坐落在他们城市中心的核电站，正在散发致命的放射性物质。

然而，核电站本身并没有被废弃。冷却反应堆措施仍在继续，每座反应堆都被拼命地泵入冷水，试图阻止温度上升，但都无济于事。4月13日上午，三号反应堆的水冷却系统发生故障。不

随着反应堆顶部被炸飞，一小部分放射性物质被喷射到空气中。

到24小时后，该反应堆发生了类似的氢爆炸。一天后，当局意识到，自从4月11日海啸袭击以来，二号反应堆一直在泄漏高辐射物质，四号反应堆进入临界状态并发生爆炸。

据日本全国性报纸《朝日新闻》刊登的一篇文章，基于东京电力公司（TEPCO）收集的数据估计，核泄漏事件发生时，每个破裂反应堆释放到空气中的放射性物质的量都接近77万兆贝可（tera Bq）。相比之下，这大约是切尔诺贝利事故期间释放放射性物质的20%。2011年4月12日，日本核能与工业安全机构将事故发生率从五级提高到七级，这与切尔诺贝利（Chernobyl）灾难发生率相同。

如今，福岛地区以及日本其他地区，仍处在恢复状态，过程可能需要几十年的时间。当地旅游业和贸易受到的影响最大，渔业和农业受到"福岛核污染"的摧残而体无完肤。这种画面让人们回想起切尔诺贝利，一个大家认为危险得不敢进入的城市。游客逃避这座城市，该地区经济发展为此遭受重创。

福岛及其周边地区仍有辐射"热点"，政府对其进行封锁，关闭核电站，确保不会再危及日本人的生命。结果，8万多公民流离失所。短短几个小时，住房、企业、学校和公共服务设施都惨遭遗弃，而如今那些在地震和海啸后依然屹立不倒的建筑也被遗弃任其腐烂。

2013年7月，东京电力公司承认，每天约有300吨放射性污水，持续从核电站泄漏到太平洋中。对日本政府来说，清除这种辐射物质是一个持续让人头痛的问题，它的存在实际上破坏了周围地区的海洋生态系统。日本政府估计海啸把近500万吨瓦砾碎石拖回了海洋。据说，其中约70%的瓦砾碎石已经沉入海底，留下150万吨左右垃圾漂浮在太平洋水面上。

在福岛及其周边地区，核电站熔毁后，大量泄漏的放射性物质刚刚得到控制。冲入核电站的污水导致核电站熔毁，由于不稳定的辐射变得更加富集，并被冲回太平洋。在接下来的数月数年里，远在加利福尼亚和加拿大的海岸都检测到了少量福岛泄漏的核辐射物质（因被海水稀释）。

那么，福岛核电站如今怎么样了呢？5年后，福岛核设施最终会在缓慢的恢复过程中被拆除吗？事实上，拆除场地和移除核材料可能需要数十年才能完成。日本政府仍在努力使福岛第一核电站渐渐进入一种冷却状态，将水注入核反应堆，以便将热量转移到其他地方。截至2016年，已有4台机组完成拆除。

不幸的是，尽管全国到处都有人反对使用这些反应堆，但是，日本政府对利用核能的信心，并没有因为爆发地震和海啸而动摇。很像1995年神户（Kobe）地震后，日本似乎急于巩固其未来的核建设，却没有真正理解为何福岛核电站，会像现在这样迅速且灾难性地破坏社会的稳定。日本计划拨款600亿日元建造新的防波堤，这笔拨款够保护该地区及其剩余的核设施场地吗？没人想知道这个问题的答案，那噩梦般的记忆，如今已铭刻在国民的意识中。

简况

- 死亡人数：3.5万
- 地点：西欧
- 时间：2003年8月

随着欧洲各地气温比平均值高出了30%，高温导致数以万计的人丧命，同时对重要的服务行业和环境造成了严重的破坏。持续数天的高温导致了北半球有史以来最热的8月份，甚至连英国的气温也首次达到37.7摄氏度。

欧洲热浪

2003 年，由于造成数万人丧生，
席卷欧洲的 8 月酷暑成了"无声无息的杀手"。

在巴黎南郊巨大的瑞吉斯（Rungis）食品市场，200具尸体躺在一间原先的食品冷藏库里，温度冷却到4摄氏度。他们都是一场影响了整个法国及许多其他欧洲国家的可怕的悲剧的受害者。这200个人的困境无疑更糟糕，因为连日来烈日烘烤着法国，这些人不仅在酷暑中饱受折磨，而且被家人遗忘，于是他们被贮存在此，有关人员正在尝试联系他们的亲属。

这是2003年夏天发生在法国的一幕，当时爆发了后来众所周知的欧洲热浪。尤其是8月份，欧洲大陆持续沐浴在艳阳中，但这样的日光并不被人们欢迎。月初，法国北部古城欧塞尔（Auxerre）的最高气温达到了41.1摄氏度。巴黎的气温稍微低一些，但也只是低一点点，也达到了39.5摄氏度的最高温度记录。由于无法承受这样的高温天气，人们开始萎靡不振；到了月底，很显然，灾难已经降临。

当时，西欧大部分地区都一直处于高压地区。同时，一股反气旋又滞留在欧洲大陆上空，这就抑制住了任何降雨的可能性。通常情况下热浪最多连续5天，然而，这次热浪肆虐多达20天，且每日气温高于正常水平。因此，法国和其他受影响的国家措手不及，觉得这种极端天气非常棘手。老年人受害最深。

其中有一位77岁的塞尔维亚人（Serbian），此人名叫佩塔尔（Petar）。据说，人们发现他的尸体时，他已经在自己巴黎的小公寓里躺了两周。从他家里传来尸体的臭味，人们才知道出事了，调查人员不得不破门而入。然而，他绝不是当时唯一一位孤独中死去的老人。这场悲剧揭示了令人心碎的关于法国人口老龄化的问题。

▲ 巴黎的一则公示语，敦促人们一旦发现热浪受害者立即拨打图中的号码

数据

法国温度连续**8天**超过40摄氏度

20名官员是法国巴黎危机小组的部分成员

9辆冷藏货车用来存放无人认领的尸体

全欧洲共有**7万人**死亡

意大利死亡人数为**20089**

过去25年来，全球气温平均上升了**0.6摄氏度**

全欧发生**2.5万**起火灾

葡萄牙有史以来的最高温度为**48摄氏度**

气温达到**30摄氏度**时，英国火车便实行限速

除了酷暑本身，最大的问题之一是很多人在度假。按照法国的传统，巴黎人和其他城市的居民成群结队地到海滩或乡下，去享受圣特罗佩（Saint-Tropez）或阿格德角（Cap d'Agd）等地的美景。政客们在休假，公司暂停生产或营业，家庭医生也忙于休假。这就意味着，气温升高期间，正在度假的人没有去探望自己的亲属，所以不知道他们发生了什么情况。问题就这样开始了。

炎热的天气里，身体保持凉爽最自然的方式就是出汗。当体温上升到37摄氏度以上时，皮肤就会冒汗。当汗水在热天蒸发时，会带走一些热量。但是，如果空气中湿度很大，人体就不能有效地排汗，体温就会上升，导致头痛和头晕。这就是中暑，而中暑很可能致命。实际上，这正是当时造成众多法国人死亡的主要原因。脱水也是个大问题，因为人们无法补充因出汗而流失的水分。

缺乏适当的帮助，老弱病残者发现自己无法忍受高温天气，而且天气根本没有让人喘息的机会。许多人居住的公寓面积不到100平方英尺，而且没有空调。由于夜晚仍然很热，这意味着没有了自然的冷却循环，因此，很快就会出现脱水和定向障碍（disorientation）。后来形势非常严峻，以至于8月10日晚上成了特别令人心碎的一晚，当晚就有2000人被装在尸袋中从公寓里抬了出来。所以，最大的问题成了究竟该将越来越多的尸体存放于何处。

当时，瑞吉斯的冷藏库只是当局临时使用的紧急停尸房之一。穿着白大褂、戴着口罩的太平间助手也会将尸体存放在停放于巴黎附近的冷藏货车里，还有一些死者则被安放在一个太平间里，而这个太平间通常存放谋杀案件的受害者。实际上，很多人被临时埋葬于巴黎东部一块墓地的贫民区私人坟墓里。

采取这些措施是为了拖延时间，因为每具尸体的身份急需度假归来的亲属辨认。只有到那时，这些尸体才能从冰冷的停尸房中转移出来，并得到妥善安葬（临时埋葬于坟墓里的尸体，会被挖掘出来，埋葬于其他地方，或者送去火化）。大家都希望亲属们很快能意识到出事了，并设法去看望自己遇难的亲人，即使发现的是挥之不去、令人心碎的真相。《巴黎人报》头版头条如是写道："我们都有罪。"各家报纸开始指责这些家庭成员，深信他们忽视了遇难亲人。

与此同时，那些活着的人却在高温的煎熬下垮了下来，令医疗体系不堪重负。起初，卫生部拒绝承认这一严重问题，并无视医生们的警告。然而，当病房人满为患时，不承认也不行了。

此时，医生和护士都疲于奔命，因为他们要忙于治疗患有中暑、脱水和晒伤症状的患者。由于空气质量差（巴黎法兰西岛地区的警察，将车速从每小时50公里减慢到每小时30公里，以降低污染程度），病人还出现了呼吸系统问题；还有一些人在河流湖泊中洗澡纳凉时遇到了麻烦。

为了提供援助，法国军队医院也临危受命，这就增加了可用病床的数量。然而，尽管法国总理让-皮埃尔·拉法兰（Jean-Pierre Raffarin）敏锐地意识到这一日益严重的问题，但是，8月中旬，他依然在法国阿尔卑斯山脉的科姆布洛（Combloux）度假酒店里对记者们发表讲话，当时他身穿短袖衫，看起来精神抖擞。法国总统雅克·希拉克（Jacques Chirac）后来承诺，"将尽一切努力"纠正错误，尤其是在医疗体系方面，但损害已经造成。

《世界报》（Le Monde）指责政府未能发挥带头作用。该报称："传统上，午睡是炎热天气里保存能量的一种方式。但是，这能用作政府工作方式吗？"这也给人们敲响了警钟：死亡率平均比往年同期高出60%，而有些地区甚至比这

欧洲的含水金属墓地

随着欧洲各地温度的升高，全欧河流、湖泊以及水库水位下降。然而，如此一来，人们发现一个可以追溯到"二战"时期，长期遗失的军事装备宝库。当然，这便是欧洲第二大河，流经欧洲大陆的中部和东部的多瑙河。

在血腥战争中，纳粹曾占领过多瑙河。但是，1944年，战争快要结束时，纳粹节节败退，战争即将结束，纳粹故意沉掉80多艘军舰，以阻止向德军推进的、威胁纳粹统治地位的苏联军队的步伐。在塞尔维亚首都贝尔格莱德（Belgrade）以东约110英里的地方，这支舰队就像一批缠绕在一起的金属幽灵，在热浪中冒出水面。当时，多瑙河水位在酷热中降到只有10英尺深。

然而，尽管事实证明这对历史学家很有吸引力，但这些从潺潺流水中伸出来的锈迹斑斑的军舰残骸也构成了危险。由于枪炮凸出水面，人们担心其中携带的弹药还没失效，而港口当局则表示，残骸会阻碍多瑙河上的交通。尽管如此，事实证明，随着水位降到一个多世纪以来的最低水平，船只在多瑙河上航行实际已经变得越来越难，还需要考虑其他硬件设备。

除37多艘大多数德国的驳船和各式各样的炸弹，这条1727英里长的河流沿岸的其他地方，还有一辆军用吉普车，里面发现的汽油罐上有大众（Volkswagen）标志和纳粹党所用的卐字符。在克罗地亚（Croatia）东部还发现了一辆德军坦克，以及一辆兵员运输车，这些军用设备可以追溯到前苏军、德军和南斯拉夫军队在巴提纳（Batina）的一场战斗。看到这样的宝藏冒出水面，许多人都感到非常高兴，觉得这正是重重乌云背后的彩虹，绝境中的一线希望。

还高得多。由此也引发了人们的疑问，为什么法国遭受的人员损失最大？有14802名法国人死于高温。

法国不得不关闭相当于4座核电站的设施，因为它们依靠河水来冷却反应堆，但河水却变得太热，无法起到冷却作用。将水送回高于正常温度的河流也不符合生态要求：人们担心鱼类会受到伤害。尽管斯特拉斯堡（Strasbourg）附近的费森海姆核电站不得不浇上冷水，以防止过热，但是，所幸的是，至少法国不需要应对大量

▲ 森林大火席卷葡萄牙，直升机奉命向大火浇水，帮助扑灭大火

▶ 有些河流几乎完全干涸，鱼类资源受到威胁

热浪如何影响到欧洲的动物？

热浪期间除了死亡人数很高，动物资源在高温下也同样损失惨重。在许多情况下，人类几乎束手无策（德国和荷兰境内的莱茵河水温上升到26摄氏度3万条鳗鱼死亡）；不过，也有些情况下，人类采取了行动。

在伦敦动物园，企鹅被喂以鱼味的冰块，老虎被喂以迷迭香棒棒糖，猴子和熊被喂食水果棒棒糖。而在其他动物园，猪被涂上防晒霜，以保护它们的身体免受阳光辐射的伤害。

然而，农民日子很不好过。酷热难耐，猪、奶牛和鸡等纷纷暴毙，家畜和家禽数量急剧下降，造成了经济困难。与此同时，由于热应力（heat stress），牛奶产量下降，冬季动物的饲料数量下降了30%至60%。这就意味着此种情况还会持续好几个月。

宠物主人也担心如何给自己的宠物保持凉爽；有人

▲ 伦敦动物园一名工作人员正在用水管给河马尼古拉洗清凉澡

提出强烈的警告称，在酷热难耐的天气里，切勿将宠物丢在汽车里无人看管。随着热度升高，野生动物变得很容易感染、传染疾病，许多野生动物也因此死亡。

的森林火灾。这对葡萄牙来说可是个大问题。

作为也受到热浪影响的众多西欧国家之一（其他国家包括荷兰、西班牙、意大利、德国、瑞士、爱尔兰、瑞典和英国），葡萄牙已经宣布，这次热浪是一次国难。消防队员夜以继日地工作，试图扑灭森林大火。但各地的大火最终烧毁了逾21.5万公顷土地，相当于该国森林面积的10%，也相当于整个卢森堡的面积。数十年来，葡萄牙农村地区的移民造成土地无人照管，加之防火措施欠佳，结果，这个非常燥热的夏天便给葡萄牙森林业造成了巨大破坏。

与法国一样，葡萄牙小镇阿马雷莱雅（Amareleja）的气温高得令人难以置信，达到了48摄氏度。虽然死亡人数众多，但与法国的死亡人数相比依然相差甚远。18人死于森林大火，1866人至2039人死于高温。人们还因吸入浓烟、烧伤和受伤接受治疗。

强风助长了火势，由此产生的滚滚浓烟，使得意大利、西班牙和摩洛哥派出的水弹飞机很难靠近大火现场，不能有效投掷水弹灭火。考虑到各国自己也有麻烦，这是一种充满善意的举动。西班牙也发生了森林火灾，边境城市赫雷兹（Jerez）的气温达到45.1摄氏度，而巴塞罗那和塞维利亚等旅游热点地区的气温分别为36摄氏度和45.2摄氏度。

2004年西班牙国家统计局（Spain's National Institute of Statistics）称，当年夏天西班牙的死亡人数比上一年同期增加了12963人，尽管当时政府坚持认为141人的死亡与热浪无关。西班牙家庭和社区医学协会副主席阿森西奥·洛佩斯（Asensio López）说："我们必须把高温视为一个健康问题，现在必须采取一切预防措施。"

整个欧洲，河流开始处于相对干涸的状态。

消防队员夜以继日地工作，试图扑灭森林大火。

▼ 气温达到40摄氏度以上时，
人们在巴黎塞纳河里洗澡

"路西法"热浪来袭

2003年，高温使欧洲遭受了巨大的损失。后来，由于2017年的高温天气，欧洲大陆又经历了一段非常艰难的时期。2017年，随着温度飙升至40摄氏度以上，一股叫"路西法"的热浪促使11个国家发布了危险警告。大家都再一次担心老年人和易受伤害的群体会遇到严重的健康问题。不过，人们吸取了以往的教训，因此，这次的死亡人数得到了控制。

这次热浪的原因是欧洲东南部的高压系统所造成的，问题与2003年相同。意大利急诊住院人数增加了15%，而其他国家实行了限量用水。农作物受到高温的破坏，人们因中暑以及其他因高温产生的症状接受治疗。喜欢晒太阳的游客收到警告要小心防晒，记得涂抹大量的防晒霜。

2003年后，欧洲各国出台了更严格的应对热浪的指导方针，这些指导方针作用很大。在法国，有关人员每天给成千上万的易受伤害群体打电话，确保他们安全，并给他们提供建议。还针对这些人给予充分的高温警告，并列举出确保健康需要所采取的办法。法国再也不能承受有群体被忽视的状况。

但是，未来怎么办？酷热天气似乎越来越常见。2015年就发生过类似的高温天气；当时德国、法国和荷兰的6月份高温天气都打破了历史记录。由于人类排放的温室气体越来越多，导致了世界变暖，有人认为气候变化是造成地球气温上升的主要原因。

根据世界气象组织（World Meteorological Organisation）的数据，2011年至2015年期间是有历史纪录以来最热的五年。然而，这些纪录很有可能在未来被继续打破。

欧洲气温上升分布图

英国

38.5摄氏度

英国肯特郡（Kent）法弗瑟姆（Faversham）异常炎热的天气导致约2000人死亡。如今，政府设立一个高温健康监测系统，可以在白天超过摄氏30度和夜间摄氏15度时分别发出温度预警。

德国

40.2摄氏度

2003年热浪导致约7500人死亡后（这是德国历史上见证的最严重的自然灾害），政府引入了一个预警系统，以便向医院、学校和护理院发出警报。

法国

41.1摄氏度

由于2003年有14802人死于酷热的天气，法国遭受了巨大的人员损失。当局不得不将许多尸体存放在冷藏车和冷藏库里，同时等待亲属联系以确认死者的身份。

荷兰

37.8摄氏度

荷兰的最高气温低于其他一些欧洲国家，但是养老院登记了许多老人因高温去世。

葡萄牙

48摄氏度

由于气候炎热干燥，森林大火在葡萄牙肆虐。随着热度上升，滚滚浓烟弥漫天空、笼罩着葡萄牙北部的大部分地区。

西班牙

45.1摄氏度

2016年，一份关于西班牙热浪中死亡人数的评论，将死亡人数定为12963人。西班牙北方天气比南方凉爽，赫雷斯·德·拉·弗朗特拉（Jerez de la Frontera）见证了西班牙南方有史以来的最高气温。

意大利

46摄氏度

好像还嫌意大利并非特别炎热似的，高湿度让人感觉更加难受。由于意大利气温飙升，大约2万人死亡，绝大部分为老人。

例如，多瑙河的水位当时处于一个世纪以来的最低点；在德国，船只无法在多瑙河中航行。有人担心，水库也许无法提供足够的水资源；由于冰雪和冰川融化，甚至有人担心，阿尔卑斯山会发生岩石滑坡和冰块滑坡现象（瑞士有山洪爆发）。考虑到公共交通，特别是伦敦地铁的极度高温，城市里的出行变得十分麻烦。动物也在忍受高温的折磨，大量的牲口死亡，有可能造成食物短缺现象。

与此同时，荷兰的一项研究显示，夏季期间又有1000人至1400人死亡，据说其中大约一半死于空气污染。意大利国家统计研究所2005年的研究也显示，意大利的死亡人数比预想要高得多。事实上，死亡人数似乎是最初估计的两倍：死亡人数达到了2万人，令人痛心不已。就如法国一样，大多数死者都是老年人。

意大利热浪肆虐了数月。在罗马工作的70岁的交通官员斯特凡诺·科尔沃里诺（（Stefano Colvolino）告诉记者，他从未像现在这样感到这么热。坎波菲奥里（Campo de' Fiori）的水果商加布里埃尔·梅迪（Gabriel Medei），将意大利比作一个热带国家，许多水果和蔬菜价格

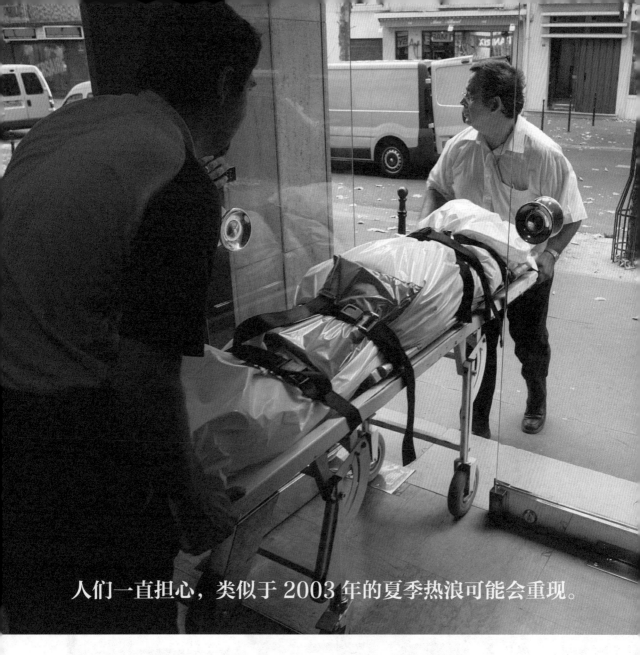

人们一直担心，类似于 2003 年的夏季热浪可能会重现。

上涨了20%，顾客流失了很多。农业部表示，意大利农民的农产品损失的价值约为60亿美元，且小麦收成也下降了13%。

更糟糕的是，意大利电力供应需求的大幅飙升造成了负面影响。人们一直打开空调和风扇解热，总计每天消耗电量达2000多兆瓦。尽管如此，当局敦促老年人尽可能保持清凉，这样电力公司就不好提倡节约用电。在热那亚（Genoa），由于该市司法部缺少空调，导致

员工们纷纷走上街头抗议。

人们一直担心，类似于2003年的夏季热浪可能会重现。例如，2015年，欧洲再次出现酷热天气：巴黎人打起精神应对39摄氏度高温，而且环境和交通又出现了类似的问题。然而，这一次，由于采取了更好的预防措施和强化了警报系统，没有出现尸体堆积成山的现象。2003年夏天，全欧洲有7万多人丧生，这一教训当然必须记取。

旧金山地震

1906 年毁灭性的地震发生后的几天里，旧金山惨遭烧毁。
但是，对科学家来说，这是一场具有教育意义的灾难。

1906年4月18日，旧金山发生了一系列灾难，《亲历–纪事–考察报》（the Call-Chronicle-Examiner）专刊的头版标题中肯地总结了这些事件。次日早上，全市三家报纸联合出版，醒目地刊登了名为《地震与火灾：旧金山沦为一片废墟》（Earthquake and fire：San Francisco in ruins）的文章。标题下面所写的内容暴露了灾难的直接影响，文章称："没有一家企业或大楼幸免。所有剧院都沦为一片废墟，工厂和证券交易所原地闷燃着。"

记者们躬着腰坐在打字机前，试图搞明白那黑暗的一天，他们没有预料到，在接下来的几天里，大约有3000人丧生，22.5万人无家可归。然而，这次地震之所以意义重大，还有一个重要原因。那就是科学家们第一次开始积累大量关于地震方面的知识。"这基本上孕育了现代地震学。"在加州伯克利地震学实验室工作的詹妮弗·施特劳斯博士（Dr Jennifer Strauss）如是说道。

在地震发生后的数周数月内，科学家们孜孜不倦地寻找细枝末节来描绘、报告并分析地震原因和影响，在5周内撰写了一份17页的初步报告，并在两年内完成了一篇更长、更深入的后续报告。有关旧金山地震的信息比历史上任何一次

简况

■ 死亡人数：3000以上
■ 地点：美国旧金山
■ 时间：1906年4月18日

据了解，1906年东海岸发生了震级为7.7至7.9级的地震，震惊了加州和内达华，对人口众多的旧金山市造成了显著的影响。

▲ 士兵们巡逻时四号大街上的一栋建筑依然矗立着

地震都要多，从旧金山地震中收集到的信息导致了许多发现，而这些发现为之后的历代地震学家提供了资料。

当居民在4月18日凌晨5点12分从沉睡中惊醒时，其他事都没人关心了。对于他们而言，地震毫无预兆地发生了，持续了48秒，不时伴有强烈的震动，因此，安全才是头等大事。那些聪明机敏的人，包括据说是《旧金山考察报》新闻编辑的巴雷特先生，刚刚完成了工作，都只关心眼前情况的直接后果。

"突然间，我们发现自己站立不稳、天旋地转，"他描述自己和同事步行回家途中的情况时说道，"大地仿佛正从我们脚下轻轻地滑走。"

他曾试图站起来，但又被撂倒在地。他补充道："当时一座座高楼大厦顷刻间坍塌，就像人们碾碎饼干一样。"但是，这还仅仅只是开始。

"当时，人们谈论着没完没了的地震。"施特劳斯博士（Dr Strauss）说道，"而他们一站起来，就猜出发生了什么事，火灾开始了。"一场凶猛的大火横扫了旧金山3天，气温飙升至1090摄氏度以上，摧毁了城市的大部分基础设施，空气中弥漫着令人窒息的烟雾。施特劳斯博士继续说："1906年地震后的大部分损失都是由火灾造成的。"显而易见，这次地震过后，旧金山再也无法恢复原貌了。

此次地震的中心在旧金山附近的近海，从靠

人们在街上徘徊，这些人一片茫然、无家可归，急需寻找避难所。

近加利福尼亚北部边界的尤里卡（Eureka），一直到萨利纳斯山谷（Salinas Valley）都有震感。施特劳斯博士解释说，地震造成了圣安地列斯断层（San Andreas fault）向西北和东南方向断裂："震感最为明显的地方是海岸沿线以及半岛等一些地方；哪里土壤是松散的沉淀物，哪里震感便越剧烈。人摇晃起来就像铃铛一样。"

海湾对面的恶魔岛①中的犯人感到大地在晃动，但是，由于损坏仅限于下水道和灯塔，监狱大楼幸存了下来；不过，旧金山内却混乱一团。市场大街南部住宅区的地面下陷、大楼纷纷倒塌时，许多人受困。在其他地方，砖块和泥浆从天而降，造成下面街道上许多惊慌失措的居民死亡。尸体开始堆积在扭曲的街上的车道时，一棵棵树被连根拔起，数十个人在街上徘徊，这些人一片茫然、无家可归，急需寻找避难所。尽管饥肠辘辘、筋疲力尽，政府人员和居民一同多次奋不顾身地营救，但是大火已经在城市的大部分地区肆虐起来，失去了控制。

谈到部分火灾的原因时，施特劳斯博士说："当时很多人依然使用蜡烛在房内照明，所以很多蜡烛掉落。"在海斯谷（Hayes Valley）的中心，一名妇女在最初几次地震后试图做早餐，但是她不知道炉子上方的烟囱已经损坏。就这样，她的住房因失火烧毁了，同时还毁掉了一个拥有30座楼房的地方。

"无论在地震中还是余震中，柴炉都遭到了损坏。但是，另一个使火势更为严峻的原因是缺水，"施特劳斯博士说，"水管破裂意味着人们无法自己灭火。"

缺乏有组织的消防队伍也是原因之一，因

---

① 恶魔岛，英文原名"Alcatraz Island"，俗称"The Rock"，是旧金山湾内的一座小岛，由于四面峭壁深水，美国曾于此设有联邦监狱，关押重刑犯，现与金门大桥同为旧金山湾的著名观光景点。

一座戒严城市

地震发生后不久，太平洋地区代理司令官弗雷德里克·方斯顿（Frederick Funston）准将派遣数百名士兵走上街头，帮助警察和消防部门维持社会秩序。旧金山市市长尤金·施密茨（Eugene Schmitz）因容许警察和士兵可以开枪打死任何在实施偷窃行为的人而成名。据说，那天下午，有三名抢劫者被开枪打死。

当局担心抢劫和通常的混乱行为发生，所以警方和军方采取这些措施十分必要。没过多久，目击者们就开始讲述哨兵"驻守在每个角落"，而且听到哨兵宣布"12点了，一切正常！"，大家心里都感到宽慰。部队为灾民提供了毯子、食物以及帐篷，同时带来了移动式厕所，灾民对此大为赞扬。

由于这些部队都是从外地抽调来的，他们没有家庭负担，所以能够非常有效地开展工作。地震灾区和主要大楼的外部，比如邮局和保险库等地都有卫兵把守，因此，大家都很安心。

如果有人被当场抓到生火取暖，将面临牢狱之灾。然而，正是方斯顿决定用炸药炸毁房屋来建造防火带，他认为这是防止火势蔓延的"唯一方法"。

查尔斯·莫里斯（Charles Morris）上校下令"除啤酒外，所有的含酒精饮料都应立即没收并倒入地沟"。因为担心酒精不仅会助长火势，而且还会遭到黑帮团伙抢劫，所以大约价值3万美元的酒精被销毁。

▼ 1906年旧金山司法大楼（Hall of Justice）外的士兵

此，大风助长火势时，需要不顾一切地采取营救措施。为了防止火势蔓延，旧金山市政府选择设立防火隔离带，但方法非常严格。施特劳斯博士说道："如果有一大批房子着火，就会派人挨家逐户告诉大家撤离，因为他们要把这些房子炸掉。"这种想法旨在创造一块间隙，阻止火势继续蔓延。

"当局会安置炸药，你若想想的话，这非常可怕，也很不公平，"她继续说道，"人们或许一直坐在房子外面，想回家一下，因为已经爆炸过了，政府就可能提醒你不能回家。因为炸药爆炸得并不很充分，大火爆发地点的数量反而会增加，以至于城市的很大一部分将会被烧毁。极其易燃的黑火药被用作炸药，但它只是被用来

为大火疏通出一条道路。燃烧的碎片点燃了破裂的天然气管道，使得问题更加严重。"

幸运的是，对于未来的居民来说，这些正在上演的戏剧场面和破坏景象，大部分都被摄影师全程拍摄了下来。这意味着旧金山地震成为第一个以这种方式拍摄的自然灾害，这些图片有助于科学家更好地研究其影响。地震发生仅仅3天后，加州大学伯克利分校地质学教授安德鲁·劳森（Andrew Lawson）开始领导一个调查地震及其影响的委员会。施特劳斯博士说："1906年地震中最重要的成果就是劳森研究报告。"

劳森在地震领域已经赢得了很多尊重。11年前，他成为第一个识别并命名圣安地列斯断层的人。此断层是一个横跨加利福尼亚州、绵延大

重建旧金山

尽管种种预测称旧金山会消失，但它还是从废墟中站了起来，而且数周之内就开始重新站稳了脚跟。这座城市只需要不到10年的时间就能完全重建，但决定在老建筑的原址上简单地建造一些建筑，而不是制订雄心勃勃的重建计划，无疑有助于加快旧金山的复苏。

不到一个月，有轨电车就沿着市场街行驶，公园里搭起了小木屋。詹妮弗·施特劳斯博士说："一旦这座城市重建，人们就会携带大块木材，到城市中他们想要安家落户的地方。"

6周后，银行重新开业，新的铁轨开始铺设。滨海区（Marina District）是一片废墟，故而清理工作任重道远。

然而，也有人认为重建的速度可能太快了。旧金山在1915年举办了巴拿马-太平洋国际博览会，一些人认为当时的建筑是仓促建成的。然而，如今洛克菲勒基金会（Rockefeller Foundation）的"百座最具弹性的城市"（100 Resilient Cities）项目就包括旧金山，该项目正帮助当地居民和建筑为未来的地震和火灾做好准备。

约600英里的连续的地质结构。地震发生之后，在一个由20多名科学家组成的核心团队的帮助下，他能够更仔细地研究此断层。他对断裂进行分析和勘测到一英寸①之内，从而可以完整连续地观察整个断层。

"他们汇编了大量关于损失的报告，不仅查看了表面清晰可见的断层线的位置，还查看了不同区域的建筑物损坏的方式，建筑物的损坏程度取决于它们离断层的距离或者所使用材料的成分。"施特劳斯博士说，"团队还制作了一些非常详细的地图和测量图；所有东西他们都有相关照片。这份档案成为未来考察地震事后影响的基准。"

由此生成的《加州地震调查委员会报告》第1卷长达220页。这份报告显示了地震强度和地质条件之间的相关性。人们发现，基岩场地承受强烈震动的能力不如充满沉积物的山谷，旧金山湾的开垦地是所有地区中受灾最严重的地方，因为下方有沉积物和土壤的沿海地区更容易发生液化现象。

很快就变得明显的是，这次地震与持续活动的断层有关，而离断层越远，地面震动越小。施特劳斯博士说："不过，劳森报告中所做的最关键的一件事是为弹性反弹理论提供了所有数据和理论基础。"这份报告解释了地震期间能量的传播，这一点很重要。以往人们认为地震的力量集中在地震发生点附近。但是，研究小组的科学家哈里·菲尔丁·里德（Harry Fielding Reid）研究1906年的断层轨迹后认为，造成地震的力量实际上来自遥远的地方。他提出，多年来的压力扭曲了地球，最终导致地面断层或断裂。

"这并不像'地球一下子移动一英尺'那样，"施特劳斯博士说，"而是不断地伸展，伸

展，伸展，伸展，然后啪的一声，就像橡皮筋一样断裂开来。板块不再直接越过断层，而是开始弯曲。这构成了如今我们理解地震的基础，以及地壳运动如何随着板块运动而逐渐移动并扭曲一切。这一重要发现是在板块构造之前发现的。对整个地震学来说，这是一项了不起的壮举，到今天仍然让人佩服不已。"

劳森的报告仍然是关于地震的一次权威著作，而且它让旧金山能够更好地为下次灾难做好准备。沿着东海湾山脚下延伸的海沃德断层（Hayward Fault）是造成该市1868年大地震的元凶；研究表明，这一断层平均每140年断裂一次。"坊间传言，我们将遭受一场大地震，"施特劳斯博士说，"人们一直致力于尝试弹性战略和协调服务的方法。旧金山正进行一项大规模的建筑改造适应工程，以使建筑更加安全。"

这并不是说圣安地列斯断层在1906年地震后就不再活动。"有研究表明，每隔一段时间就会发生一次可以与1906年地震联系起来的地震。余震的频率会随着时间的推移而逐渐减少，但是对于这些大型地震，需要很长时间才能恢复到原先的地质状态。"

---

① 1英寸约为0.02米。——编者注

成干上万人死于水灾、疾病、饥荒和营养不良。中国的经济遭到严重破坏，当地农业遭到重创。多年的旱灾刚结束，洪水又摧毁了旱灾幸存下来的大部分庄稼和财产。如此一来，数百万人长期忍受苦难，也许还有同样多的人因此而死亡。总地来说，这是历史上最严重的灾难之一。

▲ 汉口市场照常营业

长江大洪水

洪水、疾病、饥饿、死亡等各种灾难接踵而至。
1931 年的大洪水，很可能是 20 世纪最具破坏性的自然灾害。

洪水可能是自然界最强大、最可怕和最致命的灾难之一。洪水势不可当、横扫一切，所到之处无一幸免。1931年的中国长江大洪水是人类历史上最具破坏性和致命性的自然灾害之一。虽然洪水集中在中国的长江沿岸，但洪水摧毁的生命和财产远远超过长江地区。

严格来说，称其为长江洪水并不准确。长江是世界上最长的的河流水系之一，覆盖的地区不止一条河流，一片地区。长江这个名字表明，只有生活在长江沿岸的人才有生命危险。然而，事实并非如此。

中国至少有8个省份受到洪水的影响，而这些省份只是其中受灾最严重的。洪水淹没了诸多地区，影响范围北至东北，南至广东，西至四川。长江地区只是灾难的集中地，受到洪水影响的地区并非只有长江地区。

对中国四大河流（曾被统称为长江）沿岸的地区来说，1931年并不是一个好的开端。由于连年干旱，农民需要大量的水资源。数月里，他们不断地遭受着比预想要多得多的灾难。

我们今天所熟知的长江实际上是由数条河流组成的，每条河流都有自己的名字。长江与金沙江、通天河和沱沱河相连，后面这些河流都是长江的一部分。这些河流起源于西藏的丘陵和山脉，共同构成了西方人所知的长江。

1931年的大洪水和其他许多洪水都是由同样的原因引起的——一段漫长的干旱期过后，降雨量远远超过正常水平。经过两年的干旱期之后，长江并没有干涸，但离干涸期也不远了。农

▲ 1931年，独裁者蒋介石统治着中国。他的国民政府认为洪水是一项巨大的挑战

▲ 图中为传播疟疾的蚊子

疾病：沉默的杀手

由于数百万吨的洪水淹没了中国大片地区，卫生和医疗服务简直不堪重负。被洪水糟蹋的粮食不计其数，同时也让饥饿、无家可归的难民们染上了各种疾病。霍乱、伤寒、血吸虫病及麻疹到处肆虐。

未排尽水的水池和温暖的气候为蚊子的繁殖提供了温床，蚊子在疾病和饥荒蹂躏的地区传播疟疾。蚊子还传播黄热病，不过，这种疾病不及其他疾病猖獗。

其他致命的疾病也没有缺席。大规模的疫苗接种限制了天花的肆虐，但斑疹伤寒症仍然很常见。成千上万的人由于一无所有，忍受饥饿，营养不良，饮用脏水，最后造成了脾脏肿大。没有食物时，人们便开始吃树皮、树叶、树枝和泥土。更令人绝望的是，甚至出现了人吃人的现象。

洪水引发疾病的肆虐只使灾情雪上加霜。在一个已经遭到洪水摧毁的地区，疾病像野火一样蔓延，导致成千上万人死亡。洪水过后，疾病是造成数十万至数百万人死亡的罪魁祸首。

外国政府、私人组织、美国红十字会及从国外募集的资金，帮助缓解了猖獗的疾病给中国人带来的苦难。药品公司和各国政府特别捐赠了各种药品和卫生用品补给，这在很大程度上帮助改善了临时难民营的恶劣条件，但是这些难民营几乎个个人满为患，不堪重负。

尽管国内外政府提供了援助，但直到洪水最终平息很久之后，伤亡人数仍持续上升。根据国民政府救济水灾委员会的一份报告，1932年爆发的霍乱导致31974人死亡，死于饥饿和营养不良的人数更多。

业遭到重创，当地人无疑都在祈求老天降雨。不幸的是，大自然慷慨到了灾难性程度：长江水泛滥引发了洪灾。

等到洪水结束时，成千上万灾民，也许是数百万灾民，死于洪涝、饥荒或疾病。

洪水泛滥了好几次，每当在临时避难所或难民营中受苦挨饿的难民以为洪水停息了的时候，另一次洪水就又爆发了。洪水似乎永无止歇。

连绵不断的洪涝摧毁了先前幸存的大部分物品，同时严重阻碍了救援工作。就像拳击手连续猛击一样，大自然母亲也对人类脆弱之处不断地重拳猛击。与此同时，难民和救援人员都濒于崩溃。连续洪涝无益于缓解旱灾局面，反而增加了受灾死亡人数。

干旱的爆发并不出人意料，但来自青藏高原和附近山丘的春雨量和径流量却是出乎预料。正常情况下，长江水系每年只有3次涨水高潮，1931年却只有一场漫长的滔天洪涝。

大自然的另一种致命武器也发挥了作用。夏季，极端严重的热带风暴袭击了该地区，威力远远超过平时。平均每年只发生两次龙卷风，但是仅1931年7月份就有9次龙卷风在该地区肆虐。龙卷风本身具有破坏性和潜在的致命性，而且成为洪水将要爆发的征兆。

中国政府和民众没有预料到，会有一场产生持续风暴和水位创纪录的洪灾，而这并不是唯一的问题。洪水流经众多狭窄的峡谷，加强了自身的能量和潜在的破坏力，水位达到了创纪录的水平，接着达到了警戒线。到1931年3月，危机逼近。

中国的堤坝并非为了对付如此惊人的水量而兴建的。时间一久，创纪录的水流开始侵蚀堤坝，而且情况不断恶化。洪水正一点一点地逼近，要冲破堤坝。

对于堤坝建得比建筑物还高的地区，每个人

▲ 在汉口，若不借助船只，人们几乎无法通行

日本侵占中国东北

当中国正竭力应对洪水及其灾难性后果时，日本趁人之危入侵中国东北，中国人更是陷入水深火热之中。日军于1931年9月18日入侵中国，当时由茂雄将军（图右）率领的日本军队长驱直入，侵占了中国东北的领土。

中国债券市场立即崩盘，这进一步威胁到早已举步维艰的中国经济。本来可以参与重建工作的军队被迫与日本人作战。于是，物资和设备转而用于支持东北的中国守军，而非仍在苦苦挣扎求生存的中国百姓。

此时，包括中国东北的大部分地区和内蒙古的部分地区变成了伪满洲国。直到1945年，中国和苏联军队最终驱逐了残余的日军，情况才有所改变。与此同时，那些在洪水中幸存下来的人不得不忍受日本人的野蛮占领。

如果不是日本人的入侵，派去保卫东北的中国军队、物资以及资金本可以用来帮助洪水的幸存者。

都身处险境。一些堤坝和河岸挡住了洪水，但是对大部分堤坝和河岸而言，水位不停上涨，直到巨大的洪流从堤顶上倾泻而下。当以前坚固的防御体系开始崩溃时，人们开始担心最坏的情况即将发生。

堤坝开始崩溃时，人们被吓得魂飞魄散。无论他们如何哀求、哭泣或祈求这场噩梦快点结束，洪水就是不停。上涨的水位让大众担心不已，害怕水位持续上涨，最终一场看似永无止境的灾难席卷一切。等到水位确实停涨时，成千上万人也已死于非命。

混乱之中，武汉汉口附近地区受灾最为严重。河水泛滥，堤坝决堤，越来越多的难民逃至该地区。仅汉口一处铁路路堤就聚集了约3万人，而武汉市内及周边聚集的人数超过了75万人。武汉的河水水位比年平均水位高出50英尺，

但这并不能阻止难民逃至此地。

不管怎样，他们都无处可去。在其他地方，死亡人数特别多。附近的高邮湖本身就水量过大，因此，当流经高邮的大运河上的堤坝决堤时，2000多人在睡梦中被淹死。

突发性的大规模人口流动给当地政府带来了巨大的压力。中国的基础设施根本应付不了这些困难。在遭到洪水、饥荒，尤其是疾病破坏的地区，成千上万人死于非命。灾民们在国内颠沛流离，以寻找安全的栖身之所时，感染了伤寒、霍乱、痢疾以及许多其他致命性疾病。

若不是中国政府的救援措施及时，疾病问题可能会更严重，这部分得益于捐赠的药品、疫苗和其他基本物品，成千上万的难民和幸存者特地接种了霍乱和天花疫苗。

当时洪水严重地影响了中国东北部分地区，

然而，由于日本入侵，救灾工作备受打击。宝贵的物力和人力资源被迫从正在重建中受损的堤坝与河岸分流出去。由于抗日战争造成的经济损失惨重，长江沿岸修建多座大坝的计划不得不搁置。中国遭遇天灾的时候，日本对东北进行了血腥且残酷的侵略。

死亡人数和破坏情况触目惊心。但是，中国人成功的救援措施更让人钦佩不已。经历了天灾破坏、日军入侵、多次洪水、热带风暴以及大规模人口模迁移，中国非常顽强。

在外国的帮助下，中国政府设法提供了难民营、医院、食品以及预防疾病的疫苗接种项目。同时，他们开始了重建工作，缓慢而费力地拆除了那些无法补救的建筑，重修了那些尚可挽回的建筑。到1931年年底，洪水终于退去；不过，想要恢复到以前的样子，仍然任重道远。

中国当时数千平方公里的土地和农作物遭到毁坏。美国政府与中国政府达成协议，以信贷方式提供45万吨小麦给中国，其中一半将以面粉的形式提供。

由于中国每年有相当大一部分的小麦和水稻作物遭到破坏，大片农田受到泥沙污染，因此，允许中国境内销售一半的小麦和面粉，以刺激陷入困境的经济，帮助恢复国内贸易，这项举措非常重要。

有一点是可以肯定的：当时灾区内的农作物

数据

长江流域 **15%** 的水稻和小麦作物被摧毁

8月19日，长江水位比平均水位
上涨了 **53英尺**

洪水淹没了高邮城，造成 **2000人** 死亡

仅在汉口铁路堤岸，就有 **3万** 名
难民聚集此地避难

长江水灾淹没了 **18万** 平方公里的土地

仅1931年7月，
长江沿岸地带降雨量便高达 **600** 毫米

据一些西方历史学家估计，
长江洪水造成 **400万** 人死亡

和土地遭到了极大的破坏，基础设施一片废墟。数百万人忍受饥饿、身患重病、无依无靠或者死于非命。还有数百万灾民在全国各地流浪，迫切寻找安生立命的栖身之所重新开始生活。此时，日本帝国主义军队则在中国东北横行霸道，同时建立傀儡政府，这种局面一直持续到1945年。

简况

■ 死亡人数：57
■ 地点：美国华盛顿
■ 时间：1980年5月18日

圣海伦斯火山是人们最早全面拍摄到的火山爆发之一，这次火山爆发伴随着有史以来最大的山体滑坡。

圣海伦斯火山爆发

凯瑟琳·希克森（Catherine Hickson）目睹了
1980 年圣海伦斯火山喷发。
这次火山爆发永远改变了她的生活。

西边大约14公里之处，出奇的安静，人们认为最完美对称的山脉——圣海伦斯山脉当时白雪皑皑，沟壑密布，山顶冒着浓浓的蒸汽。这座2950米高的火山位于华盛顿州西南部，自1980年3月初以来，一系列地震唤醒了这座沉睡许久的火山，其中一次地震的震级为4.2级。尽管地震影响了圣海伦斯火山周围的宁静环境，并在其北面造成了两条巨大的裂缝，但至少从凯瑟琳·希克森站立的地方来看，火山周围仍然给人以一种寂静的和平感。

凯瑟琳这个地质学学生兴奋不已，但她并不是唯一兴奋的人。游客、记者以及科学家，既有专业人士也有业余爱好者，纷纷涌向此地，希望能亲眼看到圣海伦斯火山爆发的全貌。然而，就在他们争夺最佳位置的时候，由于一些居民拒绝离开家园而引发了一些争论。凯瑟琳已经在面对火山的一个偏远采石场占据了位置。她决定只由丈夫保罗作陪一起露营过周末。他们从温哥华的家驱车7个小时才来到这里。

对凯瑟琳来说，研究地震是很容易理解的

天空中乌云密布，整个地区陷入一片黑暗之中，空气中混杂着怒吼咆哮声和隆隆声。

事。"地质系人人都在谈论圣海伦斯火山，而我对火山和火山学很感兴趣。"她说，"这是美国本土第一次发生活火山活动，而且因火山发生地点距离我们很近，所以我们不得不去亲眼目击一下。"这对夫妇于5月16日星期五离开了家，快要达到目的地时，他们发现了一条森林道路——一条由在该地区作业的一家伐木公司开辟的非公共轨道。"我们沿着火山东侧追踪，发现了一个他们一直在采集砾石的地方，那个地方地势很平坦。那天正好是加拿大维多利亚日①长周末，所以我们可以一直待到周一。"事实证明，他们并不需要那么长时间。

凯瑟琳开始坐立不安。"我们可以清楚地看到圣海伦斯山脉，天气晴朗，但很燥热。周六下午，我们看到热汽从山顶上冒出来，但是周围十分安静，我建议去别处看看，不过最终没去成。"第二天一大早，他们就醒了，吃了一顿鸡

蛋和熏肉的早餐。然后，上午8点32分，他们一起坐在露营车里，共用一副双筒望远镜近距离观察火山。就在那时，他们感觉到了一场5.1级的地震。

离火山稍近的是大卫·约翰斯顿（David A Johnston），他是监测小组的主要科学家之一，他的观察所距离火山10公里。他一直相信，美国地质勘探局观测站记录的地震活动预示着即将有一次大的火山爆发，而他在山脊上的这段时间，注意到了圣海伦斯山的变化。3月27日，火山的结构变化主要发生在准火山爆发之后，喷出的火山灰高达2134米。凯瑟琳·希克森目睹了1980年圣海伦斯火山喷发，这次火山爆发永远地改变了她的生活。人们挖掘出圣海伦斯山火山口，接着又出现了一座火山口。许多相对小一些的火山继续在爆发；两三周之内，北侧出现了一个每天增长两米的凸起之处——人们称之为潜圆丘（cryptodome）。早上时间8点32分，约翰斯顿对着收音机高声喊道："温哥华！温哥华！火山爆发了！"接着，他便听到了巨大的隆隆声。

凯瑟琳与其丈夫目不转睛地盯着火山，几秒钟之内，他们在高高的火山前的有利地形一直等待的壮观场面便拉开了序幕。凯瑟琳说："火山东北部的整个山脉都被推挤了出去，变得陡峭，

① 每年5月24号前第一个星期一，纪念曾是加拿大君主的英国维多利亚女王的诞辰。

变得支离破碎。"

"火山的内部岩浆在上升，岩浆发现了火山的弱点，并向外施加压力，但此时重力占据了主导地位。由于岩浆堆积太高，北边不堪重负，崩塌了。"

眼前壮观的景象令这对夫妇陶醉了。"我们看到了火山爆发前的景象，还有山体滑坡。"凯瑟琳说道，"当岩浆沿着火山一侧向下滑动时，压力便得到了释放。"北面火山碎片正以高达每小时250公里的速度崩塌。超过2.5立方千米的沉积物向北部山脊和西部山谷倾泻而下。凯瑟琳说道："这是有史以来最大的山体滑坡，连绵数公里的火山喷发物从火山滑落；乍看起来，这种物质与火山爆发似乎没有丝毫联系。"

由于火山北侧显露出来，潜圆丘消失了，层状火山的岩浆系统承受的压力突然减少。火山在山顶处爆发；山体滑坡时，发生了第二次爆炸。"火山爆发切断了岩浆喷发的管道。"凯瑟琳说。经过100年的沉寂，圣海伦斯火山以最剧烈的方式复活了。这次火山并非向上喷发，而是向山体侧面喷发，令所有在场观看的人都感到惊讶。火山北侧爆炸的速度为每小时482公里，而火山灰则被喷上约2.5万米的高空中。

火山碎屑流源源涌动。高温气体、火山灰以及岩石的温度达到了350摄氏度。短短数分钟内，火山碎屑流将370平方公里的地区夷为平地，摧毁了数百座房屋，毁坏了一座座桥梁，同时火山灰飘到美国11个州的高空。25公里外的树木倒塌，天空中乌云密布，整个地区陷入一片黑暗之中，空气中混杂着怒吼咆哮声和隆隆声。

"一开始，这样的场景令人兴奋不已。"凯瑟琳说道，"亲眼目击火山爆发十分令人震撼。从本质上来讲，火山爆发就是一大块火山山脉滑落，令人难以置信的事情正在发生。"

但是，对人类来说，火山爆发造成的损失惊人。爆炸过后，火山周围地区被摧毁，57人当场死亡。约翰斯顿也在其中，他当时处于致命的火山灰云辐射13公里的直接爆炸区。据说，这

运用晶体分析火山爆发

科学家继续监测圣海伦斯火山，希望能找出火山爆发的原因。2016年6月，布里斯托尔大学地球科学学院（School of Earth Sciences at the University of Bristol）首席研究员乔恩·布伦迪（Jon Blundy）教授表示，岩浆中可确定年代的晶体增多，导致火山不稳定，很有可能爆发。

"这些晶体被划分成不同的区域，它们长得有点像树木的年轮。利用这些分区模式可以发现，就压力、温度和时空而言，这些晶体是导致火山爆发的罪魁祸首。"他告诉我们，"来自圣海伦斯山的数据显示，这些晶体早期存在于12或14公里深处，你可以称其为历时长久的岩浆糊状物。这些岩浆糊状物可能已经存在了数十年、数百年或数千年。"

利用这些晶体，研究人员应该能够计算出岩浆移动的方向和时间，布伦迪教授说："我们注意到岩浆在几年的时间里移动了四五公里，而后火山爆发。由此可以看出

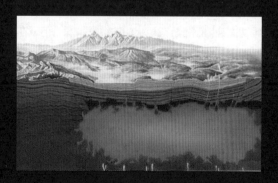

岩浆快速上升移动，预示着火山将在未来几年爆发。"

想方设法预测火山何时爆发至关重要，这样就可以制定充分的预警和疏散计划。布伦迪教授说道："圣海伦斯火山有很多方面都适合研究。"

"我很幸运能登上圣海伦斯山，因为它只是一座普通的火山。圣海伦斯山爆发数月之后，我便开始在大学学习地质学；所以，圣海伦斯山对我来说也很有意义。"布伦迪补充道。

▲ 华盛顿国民警卫队在救援工作中发挥了重要作用

次火山爆发的威力相当于2400万吨三硝基甲苯①炸药，即使距离火山更远的地方也不安全。"我们必须逃离此地，"凯瑟琳说，"山体滑坡发生时，火山北部暴露出来，背部留下了巨大的扶壁。北方32公里处发生了爆炸，火山物质从我们面前的斜坡上滚落下来，向东流去。就在那时我们才意识到自己的处境十分危险。"当他们高速向南行驶时，凯瑟琳可以看到车后的火山灰云。她丈夫曾用照相机记录火山的爆发情况，但现在他正尽最大努力躲避堵塞道路的岩石。

天空下起了泥雨，凯瑟琳夫妇继续自己的两个小时行程。后来回到临时营地时，他们的住所遭到了严重的破坏。"一阵火山灰飘来，房子上便覆盖着数厘米厚的火山灰。"凯瑟琳说，"很庆幸，我们没计划留下来。"然而，她永远都不会忘记那一天。凯瑟琳后来从事火山学方面的研究工作，那个当年研究沉积学的学子，如今已是加拿大最知名的火山学家。

---

① 三硝基甲苯（英文：Trinitrotoluene，缩写：TNT）是一种无色或淡黄色晶体，无臭，有吸湿性，熔点为354K（80.9℃），带有爆炸性，是常用炸药成分之一。

火山爆发后，火山不像从前那么雄伟；不过，火山以及附近的森林和溪流都被列了国家纪念区。圣海伦斯山脉从华盛顿州的第五高峰2950米下降到2550米，如今名列第52位。火山爆发也永久地改变了地貌，导致动物死亡，土壤流失，清澈的湖泊受到污染。汽车在土壤中搁浅，几乎与土地融为一体。

火山爆发后，美国时任总统吉米·卡特（Jimmy Carter）访问了灾区。在一次记者会议上，他告诉记者说："我不知道这个地区需要多久才能恢复正常对外开放，恢复正常的交通。显然，数百英尺厚的蓬松的、粉末状的火山灰依然覆盖在巨大的冰块上，当这些冰块在现存的高温条件下融化时，会导致严重的地面塌陷，会有蒸汽冒出来。附近发生了几处火灾。有人说这就像月球表面，但这种情况比我在月球表面照片上看到的任何东西都要糟糕得多。"

虽然当地的工业遭受了11亿美元的损失，但对于火山学家来说，该地区已经变得至关重要，特别是自从圣海伦斯火山保持活跃并发生了多次较小规模的火山爆发以来。但是，大家并没有遗忘火山的遇难者，位于温哥华的美国地质勘探局办公署更名为大卫·约翰斯顿瀑布火

▲ 火山爆发后，灵湖郁郁葱葱的森林不复存在

起起伏伏

圣海伦斯火山爆发摧毁了这座山，并永久改变了它的面貌。第一个明显的特征是，潜圆丘的出现，这是从地表喷出的黏性岩浆导致的侧面凸起部分。潜圆丘由此改变了圣海伦斯山北翼的形状，并让火山变得不稳定。

当潜圆丘崩塌并产生山体滑坡时，火山北侧不复存在，并引发了一次次强烈的火山喷发。当火山从山体侧面两次喷发，横向喷发出30多公里的高温物质，岩浆向上膨胀到火山口的开口，像维苏威火山一样猛烈爆发，数团火山灰直接涌向高空约25公里。火山灰云在北美持续了三天才退散。

火山稳定下来后，圣海伦斯火山高度明显下降，呈现出完全不同的轮廓。灾难过后，山上正慢慢恢复生机。由于种子受到雪和植被的保护，树木是第一批重新长出来的植物。麋鹿和鹿也开始重回山上。不过，这并不意味着一切都已经结束了：2004年到2008年间，岩浆逐渐喷发，形成了一个新的熔岩穹丘。

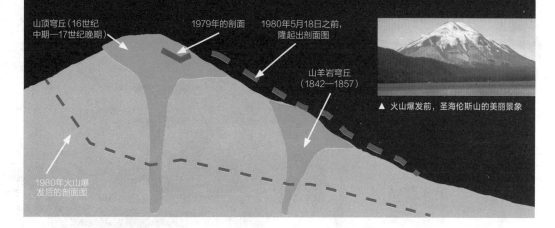

山顶穹丘（16世纪中期—17世纪晚期）

1979年的剖面

1980年5月18日之前，隆起出剖面图

山羊岩穹丘（1842—1857）

1980年火山爆发后的剖面图

▲ 火山爆发前，圣海伦斯山的美丽景象

山观测站（the David A Johnston Cascades Volcano Observatory）和约翰斯顿山脊观测站（the Johnston Ridge Observatory），后者建于1997年，地点距离火山口大约9公里，景色非常优美。

"从科学角度来看，圣海伦斯火山喷发是一次重要的火山喷发，"凯瑟琳说，"圣海伦斯火山属于扇形塌陷，巨大的山体滑坡破坏了岩浆房的上部分，导致火山侧面爆炸，而不是垂直喷发。"凯瑟琳最终完成了一篇关于火山碎屑沉积物的论文，文中详细描述了火山爆发喷出的火山岩碎片和湍流气体的液化质量。

"圣海伦斯火山喷发非常有助于我们理解这种成层火山[①]喷发的方式。"她在谈到由熔岩和火山灰交替构成的火山时说，"当科学家回头查看圣海伦斯山火山记录时，发现地震活动在火山爆发前两三年前就已经开始了。他们还了解到山顶积雪和冰川之间的相互作用。岩浆降落到火山中，融化成冰雪，在潜圆丘周围形成一种非常饱和的物质。这是前所未见的。"

圣海伦斯山依然活跃，2004年至2008年间所发生的火山活动，甚至远在西雅图都能看到其喷发出的蒸汽和火山灰。圣海伦斯山崎岖的地形和难以攀登的斜坡也很受登山者的欢迎。但是凯瑟琳永远不会忘记1980年圣海伦斯山脉咆哮的那一天，"我总是说，如果有什么东西差点要了你的命，那就值得好好研究一下"。

---

① 成层火山（stratovolcano）部分为熔岩流，部分为火山碎屑物相互成层、逐渐积累而成的截头圆锥状火山体。目前世界上主要的火山均属此类，因剖面上成层构造明显，故称成层火山。

廓尔喀地震

2015年尼泊尔廓尔喀地震

廓尔喀地震爆发时，地震将尼泊尔一座座村庄夷为平地，数千人丧生。地震甚至引发了珠穆朗玛峰雪崩，造成21人死亡。加德满都谷地（Kathmandu Valley）许多重要的世界文化遗产也遭到破坏。

简况

- 死亡人数：30万
- 地点：东巴基斯坦（现孟加拉国）
- 时间：1970年

众所周知，1970年的"博拉"旋风是人类历史上最致命的极端天气事件。强风和巨浪将整座整座村庄从地图上抹去，造成了数十万人死亡，以及更多的人无家可归。

▲ 帕图阿卡利（Patuakhali）沿海地区的鸟瞰图，显示了"博拉"旋风所造成的破坏

"博拉"旋风

"博拉"旋风是有史以来最严重的极端天气事件之一，
这次风暴改变了人类历史的进程。

1970年11月的"博拉"旋风[①]是有史以来最致命的天气事件，这次风暴袭击巴基斯坦的东翼孟加拉湾时，造成的死亡人数令人咋舌。据估计，多达30万人丧生，另有400万人受灾。这场风暴也带来了另一个重要影响，即由此产生的政治纷争促成了孟加拉国的诞生。

这场巨大风暴的源头可追溯到热带风暴"诺拉"的残余影响，该风暴于11月5日穿过马来西亚，向西移动。三天之后，诺拉的残余力量在孟加拉湾中南部形成了一个低气压区，后逐渐增强，并在11月9日发展成一场风暴，缓慢北移。虽然没有气象仪器来监测风暴的中心，但卫星照片显示，随着风暴向东北海岸移动，风暴逐渐增强。

此时，情况开始显得不妙。据吉大港的一艘轮船报告说，风暴逼近时，风速为120节（约合每小时222.24公里），达到了飓风的强度。不过，这并不是袭击此地的最强的一场风暴，因为1876年的另一场名叫贝克甘杰[②]（Bakerganj）

的风暴造成至少10万人死亡。而这一系列灾难意味着后果不堪设想。1970年11月12日清晨，"博拉"袭击了孟加拉海湾的朝南地区，该地区常年遭受气旋的袭击。风暴产生了20英尺高的海啸，将至少25万人连同其家中的牲口、庄稼以及房屋席卷入孟加拉湾。有些地区，风暴卷走了近一半的人口，汹涌的洪水冲走了紧紧抓住树木苦苦求生的人。

虽然"博拉"与该地区1960年10月的一次旋风强度相当，但那次旋风是在低潮时发生的，造成的死亡人数相对较少，约为5000人。孟加拉湾的热带低气压并不少见，预计每年会出现12次低气压，其中5次有可能发展成为旋风雷暴。"博拉"旋风在涨潮时越过了海岸。虽然风暴本身具有破坏性，但是，造成问题最多的却是由风暴潮引发的、随之而来的洪涝。

"博拉"旋风登陆时，当地的许多居民拒绝撤离，或者由于交通条件差，根本没有办法撤离。有的居民已经习惯了每年发生的风暴，对即将来临的灾难缺乏警惕，还有一些人不顾一切地想要守住自己的农田，害怕被盗而拒绝离开。孟加拉湾地区土壤肥沃，尤其是恒河三角洲，因此人口极为稠密，即使居民想要撤离，也几乎不

---

① 博拉旋风，英文原名为"Bhola Cyclone"，可译作"热带风暴博拉"，但因我国媒体通译作"博拉旋风"，本译本亦采用了通用译法。
② 贝克甘杰又名"巴里萨尔"，位于基尔坦科拉河西岸，库尔纳东南，是孟加拉国五大内河港之一。

数据

"博拉"旋风中心产生**6米**
高的浪潮

受影响的人数为**480万**

据报道,"博拉"的最高风速
为每小时**150英里**

据估计,**30万**人死亡

280万头牛在
风暴中丧生

4个月后,**60万**人
仍然无家可归

风暴摧毁渔业资本
总额的**65%**

"博拉"旋风为**4级**风暴

▲ 无家可归的村民挤满了某巴基斯坦医疗队办事处,等待接种霍乱疫苗

可能及时将所有人都撤出来。除了偶尔听到广播外，许多人也根本没有办法与外界沟通，主要依靠口口相传传递消息。所以，尽管事先对风暴发出了一些警告，还是很难将信息传给每个人，更不用说将他们全都疏散。据估计，虽然大约90%的人口可能都听说过"博拉"旋风，但是只有1%的人选择逃到更坚固的建筑里。

当时人们熟知的东巴基斯坦[①]，面积大致与美国的阿肯色州相当，但人口有7200万，是阿肯色州的36倍。此外，海湾本身海拔几乎为零，像曼普拉岛（Manpura Island）只高出海平面6米，正好是风暴潮可以到达的高度。由于缺乏适当的应对措施，这场灾难变得更加糟糕，许多当地人被迫自食其力，建造新棚屋；尽管大米在盐水中浸泡过，他们还要炒米饭来充饥。

强烈的旋风袭击了巴基斯坦三周之后，该国举行第一次民主选举。执政的巴基斯坦精英阶层做出无效的救援措施后，"博拉"旋风让人民联盟（Awami League）在选举中大获全胜。但是，精英阶层不接受选举结果，对被迫要求独立的人民联盟发动了一场猛烈的进攻，引发了激烈的内战。经过9个月的艰苦战斗，东巴基斯坦赢得了独立，并于1971年12月成立孟加拉国。

"博拉"旋风造成了巨大的生命损失。在曼普拉岛上，岛上30000名居民只有5000人幸存下来。一位当地居民描述道，"一座巨大的、发光的波峰涌向我们的村庄"。天空顿时漆黑一片。岛上几乎所有的牛、绵羊、山羊以及水牛都淹死了，风暴也将一艘艘渔船掀翻到了海里。《时代周刊》杂志一名记者指出，他"走不到200码（约183米）远就会碰到一堆堆浮肿的尸体"，动物的尸体到处都是，绵延数英里。他

---

① 东巴基斯坦原为巴基斯坦一省，也是巴基斯坦立国后的一块飞地（中间隔着印度）。印度分治时，东巴基斯坦选择加入巴基斯坦。1971年，东巴基斯坦独立为孟加拉国。

▲ 风暴袭击两周之后，一个饥饿的小男孩正在等待政府救援人员分发食物

气旋是如何形成的？

气旋 是大型旋转的风暴系统，其低压中心形成于温暖的海水上。在大西洋和太平洋西部，它们就是我们熟知的飓风，而在东南亚，我们称其为台风。形成热带气旋需要两种必不可少的因素，即一组雷暴和一片温暖的水域。

---

① 气旋，英文原文为"cyclone"，但是对于世界不同的地理位置发生的"气旋"，我国媒体会采用"热带风暴"和"旋风"等不同译法，如前文中的"纳尔吉斯热带风暴"和"博拉旋风"等。

风暴从蒸发的水分中吸取能量，形成云朵，释放热量。由于地球的自转，风暴开始旋转和移动。

最强的风暴发生在风眼周围，虽然狂风大作，但风眼周围的天气出奇的平静。风暴的风力范围从一级到五级。像"博拉"旋风一样，水位上升会造成很大的危险，比如风暴中心气压下降引起的风暴潮。由于无法吸收水分增强力量，风暴袭击地面时，威力通常会减弱。但是，风暴可以向内陆深处移动，并在最终消散之前，倾泻大量的雨水，造成巨大的风力破坏，留下一系列毁灭性的痕迹。

帕图阿卡利县附近13座小岛上的所有居民无一幸存。

说："当时岛上恶臭熏天，很多父母踉踉跄跄地徘徊在死去的孩子身边。我的双腿也在发抖。"

海湾中的船只要么被风暴撕得粉碎，要么搁浅在陆地上，而海滩和岛屿上到处都是尸体。帕图阿卡利县（Patuakhali）附近13座小岛上的所有居民无一幸存，而其他地方的水稻作物都遭到破坏，稻田经海盐水浸泡变得黑乎乎的。成千上万的尸体被埋于乱坟岗；挖掘者没有力气再挖坟墓时，死者的尸体便被遗弃在露天的田地里。在一些岛屿上，当救援人员到达时，因为没有孩子幸存下来，所以不需要提供孩童的衣服。

几乎花了一周救援物资才运送到。此时，霍乱和伤寒已在众多岛屿肆虐了数天。为了提高大家的危机意识并筹集资金，前披头士乐队成员之乔治·哈里森（George Harrison）于1971年8月1日组织了孟加拉公益慈善演唱会（The Concert for Bangladesh）。

然而，毫无疑问，救援工作没做好，加上疏散工作的缺乏，导致了大量的人员伤亡。"博拉"旋风威力强大，不仅造成数十万人死亡，还在巴基斯坦全国范围内引发政治冲击波，最终导致内战。作为历史上最致命的自然灾害之一，人们不会忘记"博拉"旋风。

印度洋海啸

洋底崩裂，引发了巨大的海啸，穿过印度洋，

将节礼日 [①] 海滩注满了海水。

---

① 节礼日（Boxing Day），为每年的12月26日，圣诞节次日或是圣诞节后的第一个星期日，是在英联邦部分地区庆祝的节日，一些欧洲国家也将其定为节日，叫作"圣士提反日"。这一日传统上要向服务业工人赠送圣诞节礼物。

简况

- 死亡人数：超过22.5万
- 地点：印度洋
- 时间：2004年12月26日

印度洋海啸至少造成22.5万人死亡，瞬时震级高达里氏9.2级。现存的少量视频资料可看到此次海啸的规模和瞬间的破坏力。

在明亮的蓝天衬托下，太阳闪闪发光。人们不会意识到，天空下方蔚蓝的大海很快就会吞没其前进道路上的一切。这是一则关于印度洋海啸的灾难故事，故事涉及许许多多的人是如何下定决心伸出援助之手去拯救生命，以确保这样大规模的自然灾害永远不再发生的。

苏门答腊岛是一个度假胜地。无论你是在炎炎夏日或是圣诞节去那里，极目所致，映入眼帘的有宜人的海滩、温暖舒适的沙粒、小巧的传统渔船以及在微风中轻盈飘动的、泰然自若的棕榈树。友好的当地居民和度假者愉快地聊天，享受着天堂馈赠的阳光。

然而，善良的人们丝毫没有察觉有个看不见的庞然大物正渐渐向他们靠近。苏门答腊岛的巽他海沟（Sunda Trench）海岸155多英里之外，有一股巨大的力量正在骚动。这股力量之前一直在波涛之下懒散地移动着自己那庞大且沉重的身体，但此时已经完全躁动了。这是地核上方的一块构造板块。这一板块在黑暗深处挣扎着寻找空间，与附近的板块相撞，迫使其下沉。这一过程被称为俯冲（subduction）。最终，其中一个板块再也承受不住张力，啪的一声突然冲向上方。于是，一股巨大的能量流向斯里兰卡：一场地震爆发了。加利福尼亚的地震仪将地震记录了下来，但是要分析这次地震的结果还需要数个小时。在这段时间内，一股拥有巨大头部和强有力身体的巨浪开始在海洋中汹涌着向前翻滚。

这头怪物开始蹑手蹑脚地向海滩靠近。此时苏门答腊岛已是清晨，街上熙熙攘攘，满是游客和当地居民。远处就是海滩。当第一波海浪来临时，人们已经在那里晒起了日光浴。实际上，海啸来袭之前，海滩上的海水首先会退潮。因此，当人们来到海滩，相比平时，他们会走向更远的海水深处冲浪。游客们穿着泳裤或是比基尼

▲ 当地狱般的海浪出现时，途中的路人一个个措手不及。游客通常都意识不到逃跑

站在沙滩上，偶尔会伸出双臂，感受海风迎面而来的惬意；当沙子轻轻地流淌以适应他们的体重时，他们则会在湿润的沙滩上蠕动着自己的脚趾。人们看到波浪向他们袭来，或许会微微向前仰着脸，笑盈盈地迎着波浪。海浪的低语声则会变成低沉的隆隆声，那是上千滴水珠相互撞击的声音，而海滩上的人们则会绷紧胳膊上的肌肉，噘起嘴巴，享受那略带海水咸味的凉爽，站稳双足，脚后跟扎进沙堆里……

在仅存的海啸现场录像中，有一小段是海滩的长镜头。海浪逼近时，一名男子平静地站在沙滩上。海浪猛地漫过他的头顶，紧接着他便彻底消失了。旁白提示道，你刚刚在镜头前又目睹了一个人的死亡。

等到那名男子意识到危险正在发生时，为时已晚。他可能注意到，海浪似乎比平常更猛烈，也可能想到，海浪会让他失去平衡，将他击倒在地，但他可能觉得自己可以重新站起来，然而，海浪却在冲上海岸的瞬间将这名男子及其所经途中的一切席卷而去。

海浪冲上海滩时，其力量是毁灭性的。在这片水域里，海浪卷走了沿途的一切——从一把把雨伞到一辆辆汽车，再到碎砖石。海浪猛烈冲击班达亚齐水泥厂（the Banda Aceh Cement Works），那儿有一堵三人高、数英尺宽的墙。海水将这堵墙撕成两半，抛于地上。此时，有个人被海浪卷入，在漂浮的废墟下遭受海水的连续猛烈地袭击并被困在那里，不断承受着来自残暴的力量伤害后才溺水而死。

由于地震学和海啸预测的起步较晚，所以我们对海啸这头猛兽知之甚少。海啸是造成众多人死亡的原因之一；专家们根本不知道这头猛兽咆

伊莎贝拉·皮菲尔德纪念基金

洪水卷走他们的女儿之后，金姆·皮菲尔德（Kim Peatfield）和特里斯坦·皮菲尔德（Tristan Peatfield）夫妇以女儿的名义建立了一个慈善机构。人们都称其女儿为

"小贝莉"（Bellie），她在斯里兰卡短暂停留的时间里就爱上了这一岛国，喜欢和那里的孩子们一起玩耍。一张照片中，小贝莉身着自己的夏日连衣裙，在明媚的阳光下，眯着眼睛，头微微歪着。

迄今为止，该慈善机构致力于资助儿童得到良好的教育，摆脱贫困。该慈善机构通过提供资金支付生活费用来帮助一些孤儿院，修建了一座图书馆，并以伊莎贝拉的名义资助一年一度的圣诞晚会，还为一个园艺工程提供植物，让孩子们享受大自然带给他们的乐趣。其他重要工程包括在坦加勒医院（Tangalle Hospital）建立伊莎贝拉·皮菲尔德儿童病房，也许最重要的是（据她的家人说），建立了伊莎贝拉游乐场。该游乐场资助了斯里兰卡的16个娱乐区，并确保小女孩能够在她们玩得开心的地方，保持良好的精神状态。

皮菲尔德夫妇一直致力于确保孩子们能在这里享受到贝莉以前体验过的快乐。海啸发生时，全家人一直期待着去看大象，这是他们假日冒险的一部分。所以，他们筹了T恤、书包以及其他物品，而这些物品可以将贝莉对生活和周围世界的爱传播给他人。

▲ 原本苏门答腊岛市中心处，一栋建筑坐落在一条满是破碎木材的街道上

索马里
死亡人数：78人
财产损失：131亿美元
若没有财政援助，缺乏政府机构意味着索马里无法评估其需求。

泰国
死亡人数：8212人
财产损失：21.98亿美元
在泰国遇难的很多人是外国游客。第一波海浪袭击过后，他们又返回了海滩。

马尔代夫
死亡人数：82人
财产损失：3.04亿美元
马尔代夫依靠旅游业发展贸易，但地震发生之后，许多游客取消了预订的旅游行程。

马来西亚
死亡人数：69人
财产损失：2500万美元
马来西亚认为，本国受到的经济影响不大，因此向其他遭受海啸袭击的国家提供援助。

斯里兰卡
死亡人数：12405人（已确认）
35322人（已确认）[1]
财产损失：15亿美元
海啸摧毁了斯里兰卡的旅游业，导致南海岸约1/5的酒店无法正常运营。

塞舌尔
死亡人数：2人
财产损失：3000万美元
塞舌尔的渔业和旅游业遭受重创，损失相当于该地区2005年财政预算的14%。

印度
死亡人数：12405人（已确认）
财产损失：据估计，印度大陆损失12亿美元，总计损失达65亿美元
尼科巴群岛（Nicobar）和安达曼群岛（Andaman）的损失可能高达6000亿美元；由于码头损坏，渔业遭受重创。

印度尼西亚
死亡人数：130736人
财产损失：40亿美元
印度尼西亚是人员伤亡最惨重的地区，但经济上依然能够独立生存。

数据

70亿美元承诺用于帮助重建工作

此次印度洋海啸的威力相当于**2.3万**枚广岛原子弹爆炸的能量

海啸以每小时**800公里**的速度在广阔的海域内传播

海浪向内陆深入了**2000米**

据估计，另有**15万人**死于此次海啸引起的各种传染病

哮着穿越海洋时，会以何种方式向何处移动。知道海啸即将来袭时，人们也根本没有办法立即交流信息。因此，首次地震发生15分钟之后，苏门答腊岛露出的海岸首当其冲，伤亡人数约占受害者总数的3/4。仅仅15分钟后，海啸将安达曼群岛和尼科巴群岛夷为平地；45分钟之后，泰国南部遭殃；2小时之后，斯里兰卡遭到破坏；4小时之后，灾难降临马尔代夫。幸运的是，由于已探测到这次海啸的袭击方式，地震学家能够预先警告大陆上的人群，让易遭到攻击地区的人们迅速撤离，非洲的生命损失基本上得以避免。

回想起来，人们也许最难接受的是海啸造成的损失本来是可以预测的。这就是命运，它取决

[1] 原文如此。——编者注

在有些地区,人们徒劳地等待似乎永远不会到来的援助。

于海滩的海岸线。借助倾斜的海岸线,波浪紧贴着坡面将怪兽轻松地送上海岸,没有受到水底悬崖的阻碍(海底的悬崖峭壁本来可以阻止其前进的步伐的),将卡马拉海滩摔得支离破碎。远离海岸线的地区几乎都未受到影响。

照片中海啸的余波似乎看起来只是整个海滩上相对无害的木头碎片,证明这是座荒凉的岛屿,同时也是度假之地。不过请记住:沙滩上无法辨识的现代化房屋的废墟之下还躺着数百具尸体。

肆虐结束之后,海浪便退去了。海啸还有一种特有的收尾式冲击,海浪并非一下子退去,而是将残骸一起吸回海底,因此,其中一些遇难者会永远消失在海底深处。巨兽无法吞噬的尸体后来都被冲到岸上,成为肿胀的、鱼儿吃剩下的、残缺不全的尸体,在黎明之光的映射下,从远处看,平静得诡异。

一开始,救援工作就受到阻碍,但人们决心团结起来。海啸摧毁了医院、基础设施,甚至一些地区的供水系统也受到污染。这引发了人们对疾病传播的担忧。在许多地方,海水堵塞了道路,摧毁了电缆塔。在有些地区,人们徒劳地等待似乎永远不会到来的援助。

微型都会布莱尔港(Port Blair)等地设立了难民中心,亲属们可以来这里探视,了解告示板上定期更新的消息,看看自己的家人是否已经获救。许多当地居民负责协调灾难现场的最初救援工作,后来他们得到了世界卫生组织工作人员和其他人员的协助。

在有关海啸的纪录片中,幸存者将大海描述为"似《圣经》中的洪水"。有些人或许认为我们应该平静地接受死亡,将其看作造物主的意志。还有一些人,像海啸幸存者阿曼达(Amanda)一样,一想到那些拯救了他人性命的人有时却因救人而丧命,就不禁泪流满面。在美丽的海滩上晒着阳光,享受着简单快乐的人,可能会因此受到惩罚,这样似乎太不公平了。

由于人们将海啸人格化了,所以海啸显得很可怕。海啸也让我们想起自己在世界上的位置。我们试图将其看作一头复仇的怪物,像大白鲨(Jaws),或者是一头沉睡的野兽,并没有意识到自己正在造成的伤害,但却提醒我们,人类在这个星球上是多么渺小,多么微不足道。

只是情况并非如此。成千上万的人在节礼日那天死去,但这个问题看起来很遥远,因为灾难发生在遥远的梦幻之地,就像莱昂纳多·迪卡普里奥主演的电影《海滩》(the Beach)中的场

▲ 据估计,所需援助资金将达到50亿美元

景一样。它精美绝伦的背景是一个神奇的地方，游客们来到这里来是为了忘却现实生活世界的烦恼。正因为如此，我们可能会忽略这个地方会置我们于危险之中。

由于当时人们都在逃命，记录这场海啸的视频资料相对较少。他们不知道将要发生何事。世界上大部分地区都没有建设足够的防灾系统。海啸研究本身还处于发展初期，因此，即使科学家具备检验物理数据的设备，可能也不知道如何准确地进行解读。就像海啸之于人类一样，科学家面前的监视器显示的只不过是令人费解的酸性霓虹灯似的线状结构。

即使科学家们最终真的开始理解海啸可能造成灾难的潜在规模，他们也无法警告那么多人，因为没有单一的联络点，所以无法在短短数分钟内联系到所有正在快乐地沐浴阳光的游客，让他们快速离开风暴的前进路径。这场海啸明确提醒我们要关心那些与我们共同生活在这个星球上的同伴，即使彼此之间距离遥远。我们必须确保这种巨大的的生命群体损失不会再次发生。

自2003年以来，科学家们一直呼吁建立早期预警系统，测量印度洋的地球数据，但这些计划一直未付诸实践。2005年初，海啸灾难发生后，印度洋海啸预警系统正式建立；地理数据与外交渠道联系起来，将在未来数年之内拯救生命，并且有助于防止多年前给世界和世界上的人造成创伤的悲剧重演。

人类总是试图借助神话人物、妖怪或运气来认知灾难，认为拯救世界超出了个体的能力，毕竟我们都只是个体生命。然而，我们有能力而且确实有责任，不论是面对风暴、饥荒还是战争，都要时刻保持警惕，保卫我们共同的家园。

正如2004年可怕的节礼日过后，人类所表现出来的勇气，即使面对最残酷的怪物及其造成的不必要的毁灭，人类仍然顽强地坚持了下来。

印度洋海啸过去10年后，游客们于芭东海滩缅怀死者

克什米尔大地震

2005年一个平常的周六上午，
一直有争议的克什米尔地区发生了一场地震，
后来演变成了一场巨大的人道主义灾难。

2005年10月8日星期六，巴基斯坦学校的学生都在上课。当孩子们坐下来上课时，巴基斯坦和印度为争夺领土而发动战争，克什米尔成为全球政治冲突中一个著名的爆发点，一场里氏7.6级的地震发生了。地震造成长70公里、深7米的地表破裂，这是该地区有史以来的首次有记录的地震。震中位于穆扎法拉巴德^①（Muzaffarabad）东北19公里处。断裂带遭受了灾难性的破坏。

整座城市、城镇和村庄猛烈地摇晃着，并在一眨眼之间，被夷为平地，仿佛一位愤怒之神在大地上挥舞着无形之手，击打着世间万物。山体滑坡席卷了一些地区。曾经是人类定居点的地方如今变成了土丘，里面掩埋着大量的人和动物的尸体。猝然倒塌下来的废墟将这些人和动物活活地掩埋了。其他地方的毁灭迹象更具启示性，

也更恐怖。从倒塌的公寓大楼伸出的血淋淋的四肢，变了形的尸体，受困在废墟下的人们的凄厉尖叫声和啜泣声，情况危急，时间一刻不能耽搁。克什米尔公民的生活永远地被改变了。一个个家庭被彻底毁掉，几代人都同时丧命。成千上万的孩子失去了双亲。克什米尔的学校受到了严重的影响。据估计，1.9万名儿童遇难。建筑大楼好似魔术师手里一副出错的纸牌纷纷倒塌。总的来说，地震将住宅、商店、学校、医院及政府大楼，几乎每一座矗立的建筑，变成了两亿吨的瓦砾废墟。

克什米尔位于印度和欧亚板块每年以4至5厘米速度的交汇碰撞之处。数百万年来，大陆地壳交汇，随后变形，形成了喜马拉雅山脉。由于地震发生的频率极低，加上板块的连结方式，积聚成科学家们所说的"张力"，巴基斯坦北部很少发生地震，但是一旦发生，其震级便是致命的。还有其他独特的局部地质因素在起作用，但研究克什米尔地区的专家认为，更大级别的地震是不可避免的，这只是时间问题。

---

① 穆扎法拉巴德即自由克什米尔，全称自由查谟和克什米尔，又译阿扎德克什米尔（"阿扎德"在亚美尼亚语、波斯语、印地语和乌尔都语是自由的意思），是巴基斯坦控制的克什米尔地区的一部分。2005年克什米尔大地震的震中在这里。

简况

- 死亡人数：8.6万
- 地点：克什米尔地区
- 时间：2005年

2005年10月8日清晨，一场震级为7.6级的地震，袭击了巴基斯坦北部和有争议的克什米尔地区。大量建筑物倒塌、化为尘土，山体滑坡，岩石从山坡上滚落下来，摧毁了一座座村庄，成千上万的人丧生，其中许多人当场死亡。这次地震，虽然震级为中等，却引发了骇人听闻的人道主义灾难，数百万人流离失所。

▲ 2005年10月12日，在巴拉科特（Balakot），士兵帮助居民从倒塌房屋的废墟中抬出一具尸体

▲ 科尔涅利亚·拉希瓦尔中士（Sergeant Kornelia Rachwal）给了这个孩子一瓶水，她和其他孩子从穆扎法拉巴德被运送到伊斯兰堡

▲ 地震将穆扎法拉巴德一处人口稠密的居民区夷为平地后，1名男子遇难

因为市政建筑、住宅和基础设施建设不良，10月份的克什米尔地震造成了大范围的破坏，并非是由于地震本身威力大。山体滑坡和岩石崩落造成进一步的人员伤亡，同时阻碍了地区的恢复进程。本次中等范围的地震造成巨大的死亡人数，让我们了解到贫困国家的灾后救援、恢复和工程工作，以及易受伤害的群体或流离失所的灾民是如何被迫生活在恶劣条件下的危险地区的。政治也发挥了作用。印度向克什米尔地区伸出橄榄枝，提议派遣本国士兵参与救援工作，提供直升机（对搜救工作至关重要）以及其他援助，但遭到断然拒绝。对克什米尔人来说，即使是在如此恶劣的环境下，看到印度士兵在有争议的地盘上仍然让他们难以承受。随着一个特别严寒的冬天的到来，尽管印度发生了一系列与恐怖主义有关的爆炸事件，遭到巴基斯坦的强烈谴责，但是经过几次激烈的讨论，控制线上有五个地点（纳索瑞-蒂奇瓦尔、查科蒂-乌里、哈吉普尔-乌里、拉瓦拉科特-潘奇和塔塔帕尼-门达哈）开放，允许援助物资和人群通过。不过，通过者需要手持特别许可证，同时禁止车辆通行。这一国家之间的合作被视为积极的一面，为了救援工作，政治暂被搁置一旁。

地理位置处在断层线上的人处于危险之中，而那些生活极度贫困的人甚至几乎没有机会逃亡。世界上许多城市都位于断层线上，但各地政府有经济实力，能在自己的地盘上为重大的地震事件谋划。这就是西方的国家发生了强烈的地震，而死亡率却很低的原因。不幸的是，克什米尔地区长期缺乏工程规范，许多建筑未遵守安全条例，未使用加固材料来防止建筑大楼地震时倒塌，因此造成了大量的人员死亡。政府已经成立了一个紧急应对部门，以应对类似地震的灾难性事件，但此类灾难发生时，紧急应对部门却无能为力。随后的日子里，巴基斯坦军方实际上负责救灾工作、协调资源和分配救援物资。

穆扎法拉巴德和巴拉科特两地建筑遭受的破坏范围最大。前者高达50%的建筑倒塌，废墟场面令人触目惊心。断裂的电线和转发器切断了电力供应（该地区由附近的水电站供电）。更远的伊斯兰堡，高层公寓楼马尔加拉塔（Margalla）是唯一倒塌的建筑。在农村地区，地震摧毁了高达80%的建筑——那些生活在最恶劣条件下的农村社区使用未加固的材料，比如用泥巴、木头、稻草和混凝土来建造房屋。据统计，石仓倒塌造成25万头牲畜死亡。桥梁坍塌，道路被封锁，其他道路无法通行。城镇里条件稍微好一点，考虑到房屋位于断层线上，且房屋很少具备抗震能力，因此，建造房屋的材料仍然不足。巴基斯坦将全国易受地震影响的地区进行分类，克什米尔地区被归类为第2区（低至中等风险）。地震频发以及地震威力强大并不是造成大量人员死亡的罪魁祸首，而是城市规划和建设没有考虑到地震活动。

灾难发生后，当地陷入一片混乱之中。情绪失控的幸存者试图用手清理瓦砾，解救那些受困的人，以免延误时机，街区扭曲变形，面目全非。一位名叫纳克斯莎·比比（Naqsha Bibi）的老妇人，在她原先的厨房里存活了63天。她的家人以为她已经当场死亡，被泥石流冲走了。她当时憔悴不堪，但依然还活着。在这段时间里，她靠喝雨水，吃腐烂的食物，活了下来。这是成千上万悲剧中的一个奇迹。

向350万人提供救济物品和医疗援助是一项艰巨的任务。地震发生后的数天之内，灾民们急需数百万条毯子，成吨的药品、食物、帐篷以及瓶装水。由于救援人员之间缺乏集中的规划与协调，人道主义危机不可避免地爆发了。一些幸存者受到鼓励在他们附近的建筑废墟旁搭建临时住所。不良的健康条件导致疾病，儿童们营养不良。数千人也需要立即手术。大量的患者让救援人员不堪重负，如果救援物资的协调处理得更好，死亡本来是可以避免的。

地震过去十年后，无论是从何种意义上来说，克什米尔地区仍然伤痕累累。为纪念克什米尔地震十周年，英国媒体采访了一位曾经的地震亲身经历者，她谈及自己是如何与家人一起重建家园的，但她害怕睡梦中地震再次发生。有成千上万人和她一样，在夜深人静睡觉时会做噩梦，梦见自己被活埋了。家园可以重建，但是失去所爱之人的痛苦是无法弥补的。十多年后，仍有数百人失踪，下落不明。作为重新安置计划的一部分，成千上万的孤儿被送往其他地区。

▶ 巴拉科特的士兵从一艘美国船上卸下人道主义救援物资（为无家可归者提供的帐篷）

数据

280万人流离失所，引发了一场人道主义灾难

6.9万人在地震和余震中受伤

三次余震震级分别为**5.9级**、**5.8级**和**6.4级**（里氏震级）

8.7万人在这次地震中丧生

巴基斯坦从国际非政府组织获得**62亿**美元救助金

70%的地震破坏发生在穆扎法拉巴德

350万人直接或间接受到地震影响

地震摧毁了**78万**栋建筑，其中许多是学校建筑

印度有**1360人**死亡，6226人受伤

克什米尔地震震级为里氏**7.6级**

阿尔梅罗的火山爆发

一眨眼的工夫，火山爆发引起的泥石流便摧毁了
哥伦比亚的一个城镇。

当地人把内瓦多·德·鲁伊斯火山（Nevado del Ruiz）称为"沉睡的狮子"。自1845年火山爆发造成近1000人死亡以来，这座火山已经沉睡了140年。但是，20世纪80年代中期，这座火山曾出现过一些活跃的、明显的爆发迹象，1985年11月13日，星期三那个可怕夜晚来临前的几个月，火山更加活跃。究竟如何对付内瓦多·德·鲁伊斯火山，科学家、政府官员、记者、宗教领袖和商界人士等都发声了，但是他们的说法推三阻四、自相矛盾，他们的决定优柔寡断、模棱两可。火山附近出生和长大的人对这头"沉睡的狮子"很不在乎，急需专家来告诉他们该怎么做，即使其中一些建议后来被证明几乎毫

无用处。许多人选择漠视或拒绝相信自己的生命岌岌可危，直到一波死亡浪潮以每秒12米的速度逼近。

哥伦比亚人面对危险的漫不经心，可能会让外人感到非常困惑，但他们是一个以固执而著称的民族，对"可能"发生的灾难不大在意。经过数个世纪的政治动荡、政治恐慌、血仇、敢死队、内战、阶级斗争、贩毒集团的迅速崛起，哥伦比亚人拥有了对非同寻常暴力水平的超强忍耐力，他们的生活方式呈现出有组织的混乱或是纯粹的一直以来的混乱状态。正如一名官员在11月火山爆发后冷淡地指出，灾难过后各种混乱接踵而至。然而，这一次，火山永远改变了阿尔梅

▲ 内瓦多·德·鲁伊斯火山是安第斯山脉的一部分，坐落在卡尔达斯省和托利马省之间的边界上

鬼城阿尔梅罗

1986年7月，就在灾难发生7个月后，教皇约翰二世访问了阿尔梅罗小镇，这是他拉美之行中的一站。后来，他顺道去了莱里达（Lérida），这是由一个城镇改造而成的难民营。幸存者们在这里安了家，试图收拾残破的生活，火山爆发给他们留下的伤疤依然可见，悲伤难以承受。目睹亲人被掩埋在滚烫的泥浆里，才意识到他们已被泥石流吞噬，人们的心灵留下了很深的创伤。

不久之后，阿尔梅罗被宣布成为一座国家公墓和圣地。如今，阿尔梅罗成了一座鬼城，那些想要向逝者表达敬意的人，以及对多年前发生的灾难感到好奇的游客都会来这里悼念或参观。那场致命的火山泥流中幸存下来的建筑都沦为了空无一物的躯壳以及对这个曾经繁荣的地区的模糊印象。曾经幸福的家园，如今看起来就像一部后启示录科幻电影中的场景，堕落而骨感十足。内瓦多·德·鲁伊斯火山仍然威胁着阿尔梅罗的城镇和村庄，周围的冰川可能会再次融化，威胁人类生命。

罗镇。

鲁伊斯火山是安第斯山脉的一部分，在现在哥伦比亚卡尔达斯（Caldas）和托利马（Tolima）地区之间的边界上。虽然火山对人类和动物的生存构成了严重的威胁，但是住在火山下面山谷里的人们常常不以为意，因为肥沃的土壤造福了众多山谷的村民。阿尔梅罗小镇兴旺发达；多年来，内瓦多·德·鲁伊斯火山只是一片壮观的风景。20世纪的高科技让人们心里感到安全踏实，坚信火山爆发不会带来任何重大的风险；有人反复告诉他们没什么好担心的。因此，不管火山将会怎么影响他们，大家都在过好眼下的生活、彼此安然无事。

1895年建立的圣洛伦索，1930年更名以纪念何塞·莱昂·阿尔梅罗（1775—1816），因为他为祖国从西班牙国王的统治下独立而战。阿尔梅罗镇后来发展成为一个重要的经济中心，生产了大量的棉花，人们称其"白城"（Ciudad de Blanca）。它再也不是一个落后的小村庄，而是相当繁荣，拥有现代文明的所有设备，而且成为托利马省人口第三大城市（29334人）。当时，哥伦比亚历届政府都在与毒品贩子作战，这些毒贩把哥伦比亚变成了一个完全由毒品支配的国家。困扰哥伦比亚其他地区的骇人听闻的暴力、暗杀、报复性杀戮以及帮派斗争，似乎永远都不会发生在阿尔梅罗小镇。波哥大（位于其东部80英里处）、麦德林（Medellín）和卡利（Cali）的混乱形势，似乎与这座白色城市青翠繁荣的氛围截然不同。综合考虑阿尔梅罗以及市政区域的经济重要性，哥伦比亚人并没有采取更多措施，来保护这些地区及其宝贵的资产，真让人感到奇怪。

作为环太平洋火山地震带的一部分，内瓦多·德·鲁伊斯火山位于赤道以南300英里

政府当然也注意到这些预言，人们就政府倾听的认真程度展开了讨论。

▲ 救援人员试图营救灾难中的幸存者。当地人和其他哥伦比亚人认为政府做得远远不够

处。然而，冰川位于其顶部和上斜坡的周围，来自这些高处力量的径流会流入拉瓜尼拉斯河（Lagunillas）、考卡河（Cauca）和马格达莱纳河（Magdalena）等河流及其支流。11月13日火山爆发时，部分冰川和积雪融化并形成洪水，洪水迅速形成4个火山泥流，这些泥流与岩石、黏土混在一起从山上滚下，蜿蜒流入下方的河谷。火山泥流的重量、力量和速度都很强大。两股泥流冲入拉瓜尼拉斯河流，摧毁了前年因山体滑坡填满峡谷时形成的天然大坝。这一大坝位于白城上游9英里处。挣脱了束缚，这股泥浆、岩石、倒下的树木以及其他物体混合而成的洪流径直冲向阿尔梅罗小镇，小镇淹没于滚烫的泥浆之中。

1984年下半年，鲁伊斯火山地带的地质活动开始引起科学家们的密切注意。登山者报告说山上有震动，地质学家也越来越担心，并开始研究这条炽热的裂缝。1984年12月，发生了两次里氏3—4级地震。其他迹象还包括积雪上的火山灰和硫黄沉积物，以及山顶上出现的一个较小的新火山口。来自其他拉丁美洲国家、美国、瑞士以及意大利的专家，都得出了同样的结论：这座火山即将喷发。据说，火山每天排放5000吨二氧化硫，1984年夏末（9月），地震造成岩石崩塌，巨石堵塞河流。位于马尼萨莱斯市（Manizales）一家银行的11楼的天文台接收到来自火山学家的数据，这些数据与波哥大政府有关。报纸开始关注这一事件，1985年2月马尼萨莱斯市的《帕特里亚》等当地小报开始报道相关新闻。1985年5月4日，报纸记录了更多的谐波地震，这些地震通常与向上喷发的岩浆流有关。

哥伦比亚地质勘探局监测到了地球震动，并确信火山爆发的可能性很大。国际地质学家建议哥伦比亚人应该采取何种必要措施，包括使用地震仪等科学监测设备。他们还建议制作影响分布

地图并进行风险评估。如果没有这些专业知识和专家意见，就明显缺乏努力调节任何能够拯救该地区生命、基础设施和经济的措施。

1985年7月，成立了火山风险委员会，该委员会着手教育民众并进行风险评估。但是，卡尔达斯省和托利马省的省长决定，他们将制定自己的应急计划，而不是联合采取行动。1985年9月21日，《时代报》（El Tiempo newspaper）刊登了一篇文章，探讨内瓦多·德·鲁伊斯火山爆发的后果及其酿成灾难的方式，明确指出，如果火山泥流爆发，阿尔梅罗很可能从人间消失。这些话后来都成了真。

政府当然也注意到这些预言，但11月13日之后的数个岁月里，人们就政府倾听的认真程度展开了讨论，当时媒体上到处都在指控和反责政府。游击队运动M-19对哥伦比亚民主的攻击无疑使局势更加恶化，而在火山爆发前几天，他们围攻了司法大厦，此举针对贝坦库尔总统并没有关注有关火山的爆发。

居民们越来越担心瑟匹（Cirpe）的火山和大坝，瑟匹有50万立方米的水源。他们没有无视周围发生的一切，也感觉到了地球震动，知道科学家们正在研究这座火山，政府正在出谋划策。阿尔梅罗市长拉蒙·安东尼奥·罗德里格斯（Ramon Antonio Rodriguez）要求白城的居民疏散撤离，但居民们不忍心抛弃自己的家园和现有的生活。虽然知道内瓦多·德·鲁伊斯火山很可能喷发，但他们仍在问其喷发的威力将有多大。此外，强制疏散2.9万人的后勤保障根本就没有可行性，因为这不是哥伦比亚人的生活方式。若强制疏散将导致诸多麻烦和暴力事件。

由于所有阿尔美拓人（Ameritas，阿尔梅罗小镇居民的昵称）都收到了来自专家的不同信息，他们轻率地将警告抛在了脑后。罗德里格斯（Rodriguez）市长向政府官员保证，即使种种

▲ 1985年11月，内瓦多·德·鲁伊斯火山爆发，造成数千人死亡。科学家之前曾警告当局，这座火山随时可能爆发

迹象显示火山会爆发，也没有什么好担心的。据1985年12月5日《洛杉矶时报》的一篇文章报道，托利马省省长当时特别讨厌罗德里格斯市长，他不仅不接对方打来的电话，而且拒绝相约进一步讨论内瓦多·德·鲁伊斯火山所构成的威胁。罗德里格斯市长后来则在这场灾难中丧生。

一名幸存者将火山泥流印象描述为"全世界都在尖叫"。下午15点06分火山蒸汽喷发后，火山灰开始从高空飘落，但是小镇照常营业。如往常一样，人们上班，回家，吃晚饭，看电视上的足球比赛，然后睡觉。很多人晚上都胡吃海喝一顿，然后上床睡觉，夜晚鲁伊斯火山爆发的时间点是造成大量人员死亡的原因之一。但官员们保证，火山对他们生活的破坏及影响不大，而且，如果真的形成火山泥流，后果可以忽略不计。当火山灰撒向小镇时，阿尔梅罗人被告知要关上窗户，不要太担心。

但是，冲入阿尔梅罗镇的并不是数英尺深的涓涓细流，而是一股势不可挡的淤泥洪流，这些淤泥以每小时10至30公里的速度，在10米高处迅速喷射。首先袭来的是一波汹涌的洪水，然后是泥浆。大街上的人们被席卷至死。那些幸存下来的人紧紧抓住废墟不放。市民们为了宝贵的生命不得不与淤泥强大的吸引力对抗，却无法抽身。火山泥流的强大力量则毁灭了其他人。

泥石流冲走了电塔和电话线，扭曲的金属和木梁进一步增加了致命系数。黑暗之中，数百万吨沉积的泥土和融化的冰川水发出的轰鸣声，淹没了人们的呼救声，淹没了垂死之人的呜咽声，淹没了昏迷之人的喃喃低语声。直到11月14日凌晨，救援才到达灾区。在余震发生后的六七个小时里，火山泥流已经破坏了阿尔梅罗的道路和桥梁，地面交通异常困难，灾民们被迫照顾好自己。

第一架到达的救援直升机看到了曾经的繁华小镇如今是一片淤泥的海洋。飞行员向大本营的同事描述了一个完全遭到破坏的场景。救援人员早期看到一个由红十字会和哥伦比亚民防部队组

▲ 泥石流造成的破坏。这里曾经是一个辛勤劳作的农业社区，如今到处都是尸体和废墟

铭记奥玛伊拉·桑切斯

　　20世纪，摄影新闻学自成一体、蓬勃发展。许多照片成为了标志性作品，比如"燃烧中的兴登堡号""一名中弹将要倒下的西班牙战士""僧人自焚"，这些照片都令人难忘。

　　阿尔梅罗火山爆发之前，奥马伊拉·桑切斯（Omayra Sanchez）只是一个普通的少女，在哥伦比亚农村过着平凡的生活。摄影记者弗兰克·傅立叶（Frank Fournier）将这个女孩变成了人类悲剧的国际标志。由于拍摄《奥玛伊拉·桑切斯的痛苦》这幅著名的13岁少女奥玛伊拉的照片，傅立叶赢得了1985年世界新闻摄影奖。

　　她的目光刺穿了人们的灵魂，泥水弄皱了她干瘪的双手，几乎像爪子一样，紧紧抓住倒塌下来的木梁。她的面部表情平静且有自尊，流露出一种对悲惨命运的坦然接受。随着这幅图像传遍世界，随之而来的是人们极大的误解：摄影记者是否对人类的苦难更感兴趣，而不是帮助人类减轻苦难？为什么要干涉一个人内心的痛苦？为什么没有人想到去帮助那个可怜的女孩？令人悲伤的事实是，考虑到救援行动的紧急情况和她身体所处的特殊位置，奥玛伊拉根本无法可救。她双膝弯曲，牢牢地卡在塌陷的建筑物之中。奥马伊拉的双腿被混凝土固定着，虽然尽了最大努力，救援人员意识到，如果不实行截肢手术，他们无法成功地将奥玛伊拉救出来。为了防止溺水，使用轮胎提供浮力，她能够漂浮在臭水沟里。但是，随着时间的流逝，她的身体开始迅速衰弱，她已到了无法挽救的地步，开始产生关于一场学校考试的幻觉。经过60小时的精神和肉体上的折磨，奥玛伊拉·桑切斯于11月16日去世。直到今天，人们还会参观她的坟墓，像瞻仰圣人一样瞻仰她。

成的联合小组在一起救灾。泥浆本身很软，这导致其表面上任何大的物体都很可能随时下沉，人们面临着严峻的考验。滚烫的泥浆也严重烧伤了幸存者，活着的人需要立即就医。随着时间的推移，尸体开始浮出水面，巨大的灾难让搜救人员应接不暇，他们很快意识到，很多人已经无法挽救。火山泥流横扫受害者于数英里之外，因此，他们的尸体分散在大范围区域之内。暴雨让灾后形势变得更加严峻。

随着时间推移，幸存者被空运到阿尔梅罗附近的村庄和城镇，如瓜亚巴尔（Guayabal）、马里基塔（Mariquita）和莱里达（Lerida）等。有的父母失去了孩子，有的孩子失去了父母，有的人则整个家庭都死于这场灾难。这场灾难使许多青少年沦为孤儿，随后又与幸存的兄弟姐妹分离。管理部门完全缺乏集中的灾难因应计划，因此，人们普遍认为，阿尔梅罗悲剧不是因为内瓦多·德·鲁伊斯火山，而是由于一系列的人为失误。即使是在灾难发生后，政府官员自相矛盾的声明仍困扰着救援工作，并造成了严重伤害。搜救工作进行了数天之后，卫生部长拉斐尔·德祖比里亚（Rafael de Zubiria）在国家电台上表示，因为阿尔梅罗的恶臭令人无法忍受，灾民生还希望渺茫，搜救工作正在逐步结束，这个小镇将要变成国家公墓。

这些言论引发了大规模的抗议之后，贝坦库尔总统的发言人维克多·里卡多（Victor Ricardo）回击德祖比里亚的言论，称之为纯属无稽之谈，救援工作并未停止，总统才是全国应急委员会的负责人。然而，救援人员却被告知登上直升机，禁止返回救援地。白天太阳使泥土变硬，晚上气温骤降，很多灾民因受伤或感染致死。医院撤离的声明让志愿者感到愤怒、沮丧，他们告诉媒体他们在晚上到处都能听到幸存者的哭声，这些哭声像幽灵一样打破了黑暗中的寂静。

从悲剧中幸存下来的代价也是巨大的，因为一切都再也不是原来的样子了。周围的城镇变成了难民营，给灾区增加了额外的负担，怨恨情绪也随之滋长。灾民失去了家园，失去了亲人，失去了曾经拥有的一切。1985年11月，灾难过

失踪的孩子

他们如今应该三四十岁了，不再是那些在淤泥中失踪的人，而是200多名家里上报失踪的儿童。30多年后，许多家庭仍然抱着一丝无望的希望，希望他们的儿子或女儿在这场噩梦中活了下来。当滚烫的泥浆冲进城镇时，幸存者格拉迪斯·普里莫（Gladys Primo）惊恐地看着她的两个年幼的孩子被洪水冲走。深陷齐腰深的淤泥中，格拉迪斯无法找到七岁的杰西·曼努埃尔和六岁的努比亚·伊莎贝尔。邻居们发誓说，灾难数天之后曾见过这对夫妇，他们还在找寻自己的孩子。

阿尔梅罗火山爆发之后，有200多名儿童失踪。当局从未宣告他们的死亡，就好像他们是从人间凭空消失的，当局成立了阿曼多·阿尔梅罗基金会，以帮助人们寻找失踪的亲人。多年来，他们一直向政府请愿，要求公布与这场灾难有关的收养信息。

2016年，两姐妹在新闻媒体前团聚。杰奎琳·瓦斯奎兹·桑切斯（Jaqueline Vasquez Sanchez）和洛伦娜·桑托斯（Lorena Santos，原名苏利·珍妮丝·桑切斯［Suly Janeth Sanchez］）在救援工作中失散了，他们父母的尸体一直没有找到。她们被阴差阳错地安置在不同的家庭，被迫分开生活数十年。当洛伦娜通过阿曼多·阿尔梅罗基金会制作了一个呼吁视频时，杰奎琳与他们取得了联系，DNA检测结果显示呈阳性。令人伤心的是，能够团聚的只是少数个案，仍有数百人抱着希望等待与家人团聚。

后，由于缺乏精神卫生保健和互助小组，许多人丧失了理智，陷入深深的抑郁之中而不能自拔，生活无法自理，精神极度崩溃。为了忘记悲伤和痛苦，许多人转而靠酒精和烈性毒品麻醉自己。

因为官方尚未对遇难者遗体进行统计，遇难者家属无法妥善安葬或者哀悼死者。有些人断然拒绝放弃希望，导致了年复一年的精神痛苦，有时甚至产生幻觉。在餐桌上为失踪的家人留个位置，把他们的个人物品保存起来，就好像是为了迎接他们随时归来，保持一种静止状态，一种交流，一种持续的对话。他们只是暂时"离开"了，但总有一天会回来，家庭会恢复生气。30多年过去了，阿尔梅罗精神和身体层面的伤疤仍然没有愈合。

数据

内瓦多·德·鲁伊斯火山海拔**5321米**

泥石流以每秒**12米**的速度流动

鲁伊斯火山爆发等级为**3级**

2.7万英亩土地遭到破坏

鲁伊斯火山距离赤道**310英里**

四个受灾最严重的城镇有**2.3万**人丧生

火山喷发出**3500万**吨的物质

泥石流吞噬了阿尔梅罗小镇**85%**的土地

30多个国家参与了鲁伊斯火山的救援工作

▼ 一匹马被困在高达4米深的泥石流之中，紧随其后受困的那些人，几乎没有生还的机会

ANDREW WAS HERE

简况

- **死亡人数：** 65
- **地点：** 佛罗里达州、美国墨西哥湾沿岸以及巴哈马群岛
- **时间：** 1992年

飓风"安德鲁"横扫巴哈马群岛、佛罗里达和墨西哥湾沿岸，它是历史上最具破坏性的风暴之一，风速有时达到每小时170英里。飓风"安德鲁"造成270多亿美元的损失，清理工作持续了很长时间。然而，令人惊讶的是，死亡人数与破坏程度相比并不算多。

飓风"安德鲁"

世界上很少发生五级"完美"风暴，
飓风"安德鲁"是历史上最具破坏性的飓风之一。

一切都是那么悄无声息地开始的，但并没有持续太久。此次飓风为一级，在人们的预料之中，但在飓风季节，飓风总是会袭击美国东南部和墨西哥湾沿岸地区，差不多与英国夏季的降水一样有规律。似乎无人预料到，在大约24小时内，"安德鲁"会从常见的一级飓风发展成极为罕见的五级飓风。

仅佛罗里达州南部的灾情就令人震惊，其破坏程度几乎闻所未闻，近70人死亡，数千人受伤或精神遭受重创。损失或遭到毁坏的财产价值数百亿美元，近20万人无家可归。数十万人从家中撤离。接下来就是长年累月的重建工作。一天之内，飓风"安德鲁"使天地间变了模样。

1992年8月16日，飓风"安德鲁"只是从大西洋中部进入美国的一个热带低气压。对于该地区而言，低气压并不罕见。人们会对其密切地监视和跟踪，以防他们恶化，变得更糟糕。起初，"安德鲁"只是一个普通的锋面，之后情况变得十分棘手。

该地区的大多数飓风都属于具有潜在危险性的一级或二级飓风，而且往往具有破坏性，但并不罕见。另一方面，五级飓风就像非常罕见的猛兽，它们的破坏性非常强大，对生命和财产构成

最严重的威胁。气象学家的任务十分艰巨，因为成千上万人的生活都指望着自己：指望自己尽可能准确地预测飓风"安德鲁"何时何地发生，以及是否会发生。

应急计划人员的工作更加艰巨，想要估计飓风"安德鲁"会造成多大程度的损失，取决于它袭击的地理位置，以及人们是否做出有效的应对措施。那时，应急人员不知道自己将会面对什么，情况会有多糟，或者"安德鲁"是否会着陆。他们所知道的是，不能假设飓风"安德鲁"会消散或仅仅从他们身边经过。情况确实如此。

警告公众则更加棘手。一方面若气象学家预测的飓风没有发生，或者造成的破坏比预期的要少，大家就会认为气象学家是在危言耸听。另一方面，若预测的灾难没有实际发生的那么严重，人们就会指责气象学家无能。因此，他们所能做的就是不停地观察、等待，并试图预测会发生何种灾难，希望能及时制定计划。但由热带低气压演变成飓风"安德鲁"的速度还是令所有人都感到惊讶。

8月23日，飓风"安德鲁"袭击巴哈马。这并不出人意料，巴哈马政府已经为其到来做了充分的准备。诚然，飓风最终造成了约2.5亿美元

巴哈马 ① 崩溃

美国并不是唯一遭受飓风"安德鲁"肆虐的地区。人们经常忽略巴哈马，但它也曾遭受飓风的重创。"安德鲁"首次袭击北伊柳塞拉岛（North Eleuthera）时，还波及了新普罗维登斯岛（New Providence）、北安德罗斯岛（North Andros）、比米尼岛（Bimini）和贝里群岛（Berry Islands）。

一些地方遭受了近乎彻底的破坏。有一个村庄，飓风摧毁的建筑高达50%，每一栋幸存的建筑都受损。飓风"安德鲁"肆虐之前，村庄原有30栋房屋。如今只剩下六栋。整个巴哈马，800座房屋被毁，造成约1700人无家可归。

巴哈马的基础设施也遭受重创。罕见的五级飓风严重影响了交通、渔业、水利、通讯、农业以及卫生行业。电线和电话线都遭到严重破坏。呼号的狂风和瓢泼的暴雨摧毁了庄稼。供水系统受到影响，许多道路无法通行，到处都是倒下的树木和废墟碎片。

巴哈马大部分地区都遭受了不同程度的损伤和毁坏。岛屿上到处都是废墟残骸，而且散落很远。尽管混乱不堪，当局还是做好了充分的准备。通过跟踪其应急措施的卫星进行预警，虽然不是很完美，但效果与预期一样好。和美国一样，飓风"安德鲁"造成的破坏很严重，但死亡人数极少，总共只有4人。

英国政府迅速提供了紧急援助。当时驻扎在巴哈马的英国皇家海军驱逐舰卡迪夫号（HMS Cardiff）提供了力所能及的帮助。加拿大、美国、联合国和日本也提供了帮助。尽管每个季度都肩负着巨大的责任和需求，但美国红十字会仍然运送了100顶帐篷、100卷塑料布和1000张帆布床到巴哈马。

充分的准备、冷静的行动以及国际间的合作，无疑在很大程度上保护了巴哈马免受"安德鲁"残酷的迫害。

---

① 巴哈马，正式名称为巴哈马联邦（Commonwealth of the Bahamas），是一个位于大西洋西岸的岛国，地处美国佛罗里达州以东，古巴和加勒比海以北，包含700座岛屿和珊瑚礁。

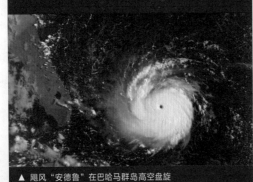

▲ 飓风"安德鲁"在巴哈马群岛高空盘旋

的损失，但令人惊讶的是，只有4人死亡，这样可能会减少佛罗里达州居民的恐惧，因为在佛罗里达州五级飓风很罕见。更让人放心的是，"安德鲁"在飞越群岛时降低至四级。同样，"安德鲁"威力减弱的消息似乎是一个相对好的征兆。

然而，这则好消息并没有持续多久。"安德鲁"威力再次恢复，上升到五级飓风，像飞快的子弹一样向佛罗里达州南部疾驰而去。如果它保持原有的威力和破坏路径，那么当地人将面临非常艰难的处境。

另一方面，如果飓风自己散去或威力减小至二级或三级，就不那么可怕了。当"安德鲁"接近佛罗里达州时，当局发出警告，当地人开始尽最大努力做好准备，但是，"安德鲁"作为一种大自然的力量实在是太强大了。

天气预报员预测潮水将高达14英尺，"安德鲁"沿途降雨量将达5到8英寸。佛罗里达州州长劳顿·奇莱斯正式宣布全州进入紧急状态，三分之一的佛罗里达州国民警卫队开始行动。

当局几乎撤离了120万人（有些人是被强行疏散），这可能有助于解释为何死亡人数只有65人。65名死者无疑是个悲剧，但是若没有进行人员疏散，死亡人数会更多。

佛罗里达州9个县的142个紧急避难所向公众开放，为至少84340名当地居民提供了临时避难之处。除了当地居民，大约有20000到30000名游客也滞留在佛罗里达州南部，主要是在门罗县的佛罗里达群岛及其周边地区。一场毁灭性的风暴即将来临，庞大的旅游人口导致了另一个问题，这些避难所能同时容纳下当地居民和外来游客吗？

紧接着，飓风来袭，比预期的更猛烈，更迅速。五级的飓风"安德鲁"于8月24日袭击了佛罗里达州，对埃利奥特岛（Elliott Key）和霍姆斯特德（Homestead）造成了毁灭性的影响。

飓风"安德鲁"对埃利奥特岛和霍姆斯特德造成了毁灭性的影响。

短短数小时内，飓风就穿过佛罗里达州，冲入路易斯安那州和密西西比州，影响远至弗吉尼亚州西部、佐治亚州和得克萨斯州。

面对大自然愤怒的冲击，佛罗里达州首当其冲。那些富裕的人离开后，剩下的人员只能选择离开或者被迫留下来为美国自1935年劳动节以来发生的最严重的飓风"安德鲁"做好准备。形势本就很严峻，飓风"安德鲁"会更加猛烈。

仅仅数小时，佛罗里达州的南部就感受到了飓风"安德鲁"的狂怒。当居民匆忙离开此地或蜷缩在家中时，几乎无法想象的混乱笼罩着他们。飓风"安德鲁"像愤怒的上帝吹起的狂风，

席卷了整个佛罗里达州，摧毁了一座座拖车公园[1]，卷走了成千上万座移动房屋。

当地居民迫切寻求新闻消息、救援建议，他们主要依靠当地WTVJ-TV电视台的气象学家布莱恩·诺克罗斯（Bryan Norcross）的报道。其他电视台和广播电台准备的材料都不及其充分，他们的广播塔像树枝一样被飓风折断，沦为一堆堆杂乱的残骸。

———————————

[1] 拖车公园（trailer park）里的居民以拖车、活动房屋或房车为家，因为他们生活标准低于社会经济标准，而拖车型活动房屋的费用远远低于建筑型房屋住宅的造价，有些活动房屋几乎没有任何舒适度可言。

布莱恩·诺克罗斯——抗击飓风的英雄

当地记者很少在这样的重大事故中扮演关键性的角色。时任WTVJ-TV电视台首席气象学家的诺克罗斯，成为当时风暴中心的关键人物。他的报道内容本可以集中在飓风"安德鲁"造成的死亡和破坏上，但他并未这样做。在连续23个小时的广播节目中，他至少花了同样多的时间安抚当地人，为任何需要的人提供合理、实用的建议以及最新信息。

人们称诺克罗斯为"'安德鲁'飓风中的英雄"。随着飓风"安德鲁"横扫佛罗里达州以及更远的地方，诺克斯已经为它的到来做好了充分的准备。当国家飓风中心失去雷达信号时，"安德鲁"横扫整个佛罗里达州，诺克罗斯会及时通知人们。他通过现场提问向观众和听众提供建议，他冷静地解决问题，能够提供可靠的建议，这样无疑能平息人们内心的恐惧。

诺克罗斯已经尽可能为飓风"安德鲁"的到来做出最充分的准备，但是他怀疑佛罗里达州是否也为下次飓风的到来未雨绸缪。他批评佛罗里达州弱化建筑法规，对技术过度依赖，很容易受到五级飓风的破坏，他直言不讳地指出："如果大风暴来袭，政府将无法迅速应对。"

另一方面，在过去的几年里，诺克罗斯一直在寻找后备方案，以便让公众及时了解情况。即使在飓风"安德鲁"最猛烈的时候，诺克罗斯仍然能够连续工作23个小时。

许多郊区停电，高压线铁塔、电缆电以及电线杆与广播电视塔一样无法使用。动物饲养员发现动物在混乱中纷纷逃窜。缅甸蟒蛇大量侵入大沼泽地——这是一种生活在非常脆弱的生态系统中的入侵性掠食者。

霍姆斯特德空军基地比大多数地方的建筑都要牢固得多，却先被飓风摧毁。大多数飞机及工作人员已经撤离，但仍有一些人留了下来。飞机像是愤怒的孩子扔掷的玩具一样四处乱飞。跑道上到处都是残骸。

其他建筑不太坚固的地方情况更糟。几分钟内，飓风破坏了拖车公园，数千栋永久性建筑也遭到破坏或严重损坏。众多佛罗里达南部的居民回到了严重受损的家园，但是一无所有。当地企业也遭受重创。

飓风余波过后不久，一些地方出现了抢劫事件。由于担心抢劫者会偷走飓风中幸存下来的财产，许多撤离者在自己的房屋和公司办公场所上喷涂信息，明确警告，一旦抢劫，就会被开枪击毙。

仅仅数个小时，飓风"安德鲁"就摧毁了佛罗里达州南部，下个目标是路易斯安那州、阿拉巴马州和密西西比州。幸运的是，"安德鲁"在佛罗里达和巴哈马群岛消耗了大量精力。风暴警报从阿拉巴马州的莫比尔（Mobile）一直传到了得克萨斯州的弗里波特（Freeport）。

墨西哥湾的石油钻塔被拆除。路易斯安那州州长埃德温·爱德华兹（Edwin Edwards）紧随劳顿·奇尔斯的脚步，宣布全州进入紧急状态。在路易斯安那州南部，大约有125万人逃离或从家园撤离。

飓风"安德鲁"从路易斯安那州席卷而过，大约2.3万座房屋受损，近1000座房屋被毁。路易斯安那州的拖车公园比佛罗里达州的情况要好些，大约只有1900座房屋倒塌。整个路易斯安那州南部，15场地面龙卷风造成了更严重的损失和更多的死亡人数，这些都是由飓风"安德鲁"造成的。

飓风造成的损失约15.6亿美元，死亡人数却很少，只有17人，至少75人受伤。路易斯安那州的情况比佛罗里达州好得多，但是损失和伤亡仍然惨重。内陆地区，潮水上涨，河水泛滥。成千上万的动物死亡，作为人类的邻居，动物的家园亦遭到摧毁。

墨西哥湾撤离了石油钻塔，这是一项明智的预防措施。"安德鲁"在墨西哥海湾肆虐时，241处石油和天然气基地遭到破坏，33处海湾钻井平台被毁。这样的打击并不沉重，但海湾地区的石油生产在未来数年受阻。

与佛罗里达州南部相比，密西西比州、阿拉巴马州和乔治亚州的损失相对较少。飓风"安德鲁"过后，破坏的痕迹逐渐减少。巴哈马群岛、佛罗里达和墨西哥湾沿岸的重建工作需要很长时间。要花费近300亿美元才能修复或重建那些被摧毁的事物，而一种不可控制的、不可预测的、可怕的自然力量只需数小时就能摧毁它们。虽然这次遇难者人数很少，但他们的牺牲仍然是无法弥补的。

数据

被列为美国**第四**大飓风

65名佛罗里达人死亡

摧毁了**6.35万**多座房屋，破坏面积之大，令人难以置信

财产损失达**273亿**美元
直到后来才被飓风"卡特里娜"超越

除了被摧毁的房屋之外，还有**12.4万**座房屋受损

测得的最高风速为每小时**282公里**

被列为美国**第七**大损失
最惨重的大西洋飓风

美国联邦政府对灾民的援助最终总计
达**111亿**美元

整个受灾地区**1.77万**人无家可归

巴哈马损失相对较少，为**2.5亿**美元

地点：瓦尔加斯州，委内瑞拉

时间：1999年

1999年12月，暴雨引发了洪水暴发、碎石流以及泥石流，摧毁了成千上万座房屋，造成了瓦尔加斯州的基础设施瘫痪。许多人和房屋被冲到海里或深埋于数吨的泥浆中。

- 死亡人数：24.2万
- 地点：中国河北省唐山市
- 时间：1976年7月

据信，唐山大地震是历史上伤亡人数最多的地震之一，造成至少24.2万人死亡，70万人受伤。震级为里氏7.8级至8.2级，地震发生在黎明前，当时唐山市和周边地区的大多数居民都在睡觉，这进一步增加了伤亡的人数。

▲ 从这张唐山市的照片中，可以清晰地看到1976年7月28日唐山大地震所造成的大范围的破坏

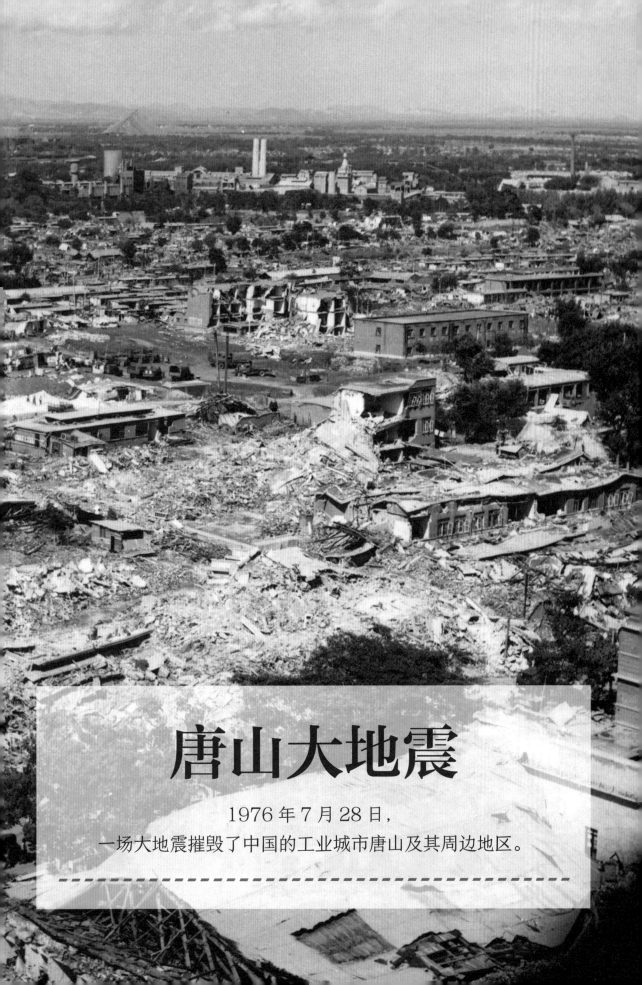

唐山大地震

1976 年 7 月 28 日，
一场大地震摧毁了中国的工业城市唐山及其周边地区。

唐山是一座现代化的工业城市，位于中华人民共和国首都北京东面110公里处；今天，许多人称唐山为"中国的勇敢之城"。

这种勇敢体现于唐山人民面对灾难时不屈不挠的精神。1976年7月28日凌晨3点42分，黎明前的黑暗中，唐山及其周边地区遭受了有史以来最具破坏性的地震之一，震级为7.8级至8.2级，这个约有100万人口的煤矿中心城市瞬间被夷为平地。

几种普遍存在的情况加剧了地震的破坏性。地震发生时，大多数人还在床上睡觉，而不是在外面的田野里劳作，或者穿梭在城市的街道上。当时没有合理的建筑规范来防止高层建筑、道路、桥梁、工厂以及大坝倒塌。

纵观历史，中国的地理位置受众多的构造板块所控。地震活动在亚洲大陆和西太平洋沿岸很常见，阿穆尔河板块（Amurian Plate）和亚欧板块沿着40公里长的原先不为人所知的唐山断层移动，导致了1976年的唐山大地震。唐山断层是沧东断层系统中的一个组成部分，靠近沧东断层与阴山-燕山山脉的交汇处。

唐山大地震是现代历史上造成死亡人数最多的地震，它也是历史上第二大破坏性的地震。据说，1556年中国西北部的陕西关中发生了约里氏8.0级的地震。学者们认为，1556年这次可怕的地震首次地震、余震，随后引发的洪水、火灾以及山体滑坡，共造成83万人死亡。陕西关中地震把使用木材和其他天然材料建造的房屋夷为平地，影响面积约1300平方公里。

1920年12月16日，一场7.8级的地震袭击了中国中北部，给7个省份造成了巨大的破坏。河流改道，在山体滑坡的轰鸣声中，山体崩塌。大约20万人遇难。1920年的海原地震甚至在挪威等地都有震感，西吉县的苏家河村被完全掩埋在了泥土、岩石废墟之中。

2008年，中国西南部的四川省发生了里氏7.9级地震，约8.7万人死亡，另有1000万人无家可归。四川的这次地震损失高达约860亿美

▼ 唐山地震后留下的为数不多的建筑，因结构不稳定而无法居住

▲ 唐山地震发生时，短短几秒钟内，一座座建筑沦为废墟

元。据说，有1万名学生在教室里上课时遇难，这也加剧了人们的巨大痛苦。

唐山地震摧毁了中国北方的大片地区。地震给北京造成了不小的损失，位于渤海湾的主要港口城市天津，也遭受了大规模的破坏。然而，对中国人来说，地震的灾难性威胁并不是什么新鲜事。据中国历史记载，天津曾在1345年至1990年的600年间，经历了1920次地震。早在1966年，河北省邢台市就发生过于一场强烈的地震，8000多人死于非命。

虽然1966年的邢台地震促进了地震准备工作，但过程发展仍比较缓慢。该次地震后，中国科学院成立了地震事务办公室。1969年渤海湾发生里氏7.4级地震后，成立了一个中央地震工作组。

1971年，中国政府成立了中国国家地震局（CNEB），但直到1980年，唐山大地震四年后，中国才提出自己的地震强度测量方法：中国地震烈度表（简称烈度表）。1998年，国家地震局更名为中国地震局。

1975年2月，辽宁发生里氏7.3级地震，针对北京和天津的建筑易受地震破坏的问题，政府发布了《京津冀地区工业和公共建筑检测标准》。中国其他地区也遵循以上指令。

虽然如此，中国仍然极易受到其他灾难性地震的破坏。整个农村建立了抗震系统，就是方法上有点原始。它由分散在全国各地的监测站组成，主要依靠农村和城市普通老百姓的报告，识别地震来临前特别明显的迹象。

唐山地区居民谈到地震发生数天前的一系列奇怪事件。据报道，井水的水位曾发生过三次大幅上升、下降。鱼缸里小鱼变得焦躁不安，似乎纷纷想要从鱼缸里跳出来。通常夜间活动的老鼠和其他动物在光天化日之下成群结队地活动，毫不顾忌接触人类。牲畜拒绝进食。一个小村庄里有口井从6月12日就开始冒出气体。同时，北京和天津也遇到了类似的怪异事件以及早期预警迹象。

1976年7月28日黎明前，唐山为数不多的当时醒着的居民回忆起在东边的天空看到了一团团电光。有人把这些电光比作升起的"红日"，还有人看到各种颜色的亮光、火球，然后听到一声巨响，响声持续了大约30秒。可怕的地面震动随之而来，大概持续了14到16秒。

唐山大地震震级为里氏7.8—8.2级，震中位于唐山南部，震源深度仅为11公里。1100公里之外也有震感。一条120公里长的断层线从唐山东南部延伸到西北部，大约9500平方公里的土地受到了地震一定程度的影响。按照中国的地震烈度表来看，唐山遭受了11级地震的极端破坏。据估计，此次地震造成的损失高达100亿元人民币。

与疾病的传播做斗争

唐山地震发生在炎热潮湿的7月份，中国政府意识到，疾病的快速传播直接威胁到恢复工作。当时污水系统破裂，管道倒塌，井水遭到污染，最令人不安的是，尸体在闷热的条件下开始迅速腐烂。

中国人民解放军担负起了妥善处理死者的主要责任，尽可能迅速地搜集尸体，上级指示将尸体埋在距离城市至少5公里的墓地里。坟墓的深度规定至少一米。密密麻麻的苍蝇和蚊子在墓地肆虐，飞机出动无数次在大片区域喷洒农药，大大减少了害虫的数量。

公共卫生极大地困扰着民众，地震后检测到包括痢疾、伤寒、脑炎以及流感等疾病在内的18种不同的传染病。政府建立了疫苗接种计划，特别优先保护儿童。唐山修建了2600多间厕所，4万多辆车参与清理7万吨垃圾和地下道污泥。农村地区，340万人一道清理了400万吨垃圾，疏通了20万多米的下水道。

傍晚6点45分，里氏7.1级的毁灭性余震袭击唐山，造成了进一步的破坏。余震中心位于唐山东北部的栾城和西南部的宁河县。唐山市政府已经展开救援工作，余震却严重延误了救援行动。

地震严重摧毁和损坏了唐山大约85%的建筑。由于地震发生于夜晚，许多人死在了床上。还有一些人拼命挣扎着把自己从废墟中解救出来，几分钟之前眼前的一片片废墟还是这些灾民的家园。"我当时在唐山当兵，"一名男子回忆道，"我是一名幸存者，也是一位救援人员。我们不得不在废墟中用双手挖掘，寻找幸存者。许多救援人员的手严重受伤，伤口很深，甚至可以看到白骨。"

表情茫然、全身血迹斑斑的幸存者在街上游荡，被埋在一堆堆瓦砾和废墟下的人撕心裂肺地哭喊着呼救。有一位幸存者回忆道："地震发生时，我正和妻子、孩子们睡在一间小房子里。我们打破了一扇窗户，设法逃了出去。在街上，我看到许多损坏的房子，还有大量尸体。当我到达市中心时，天已破晓。我对唐山非常熟悉，但那时我几乎不认识了。简直不敢想象。"还有人回忆说："许多离开唐山的车辆都载着伤员和死者的尸体。"

地震发生后不久，幸存者利用一切可用的工具救出伤亡人员。医院已被夷为平地，于是人们搭建起了临时医疗场所。地方干部带领群众努力应对这场巨大的灾难，集中地把干净的饮用水和食物分配给灾民。

中央政府迅速对灾难做出反应，但是想要到达受灾地区、提供援助困难重重。地震造成了至少16万个家庭无家可归，4000名儿童一夜之间沦为孤儿。中国人民解放军当时正在唐山进行军事演习，因此10万名战士立即投入到救援工作中。此外军用飞机运来了食品和医疗物资。中央政府在天津设立了抗震救灾指挥部，并动员了至少3万名医务人员和3万名建筑工人。

数据

死亡人数为
24.2万

70万人受伤

据估计，唐山地震震级在里氏
7.8—8.2级之间

首次地震造成**8万人**死亡

唐山最大的医院倒塌，造成
2000人死亡

地震本身只持续了**14到16秒**

据估计经济损失高达
100亿元人民币

唐山周边面积大约**9500平方公里**
的地区，遭受了地震的强烈冲击

地震释放的能量比广岛原子弹威力的
400倍还要大

地震发生在凌晨**3点42分**，
当时大多数人还在睡梦之中

中央政府迅速对灾难做出反应，但是想要到达受灾地区、提供援助困难重重。

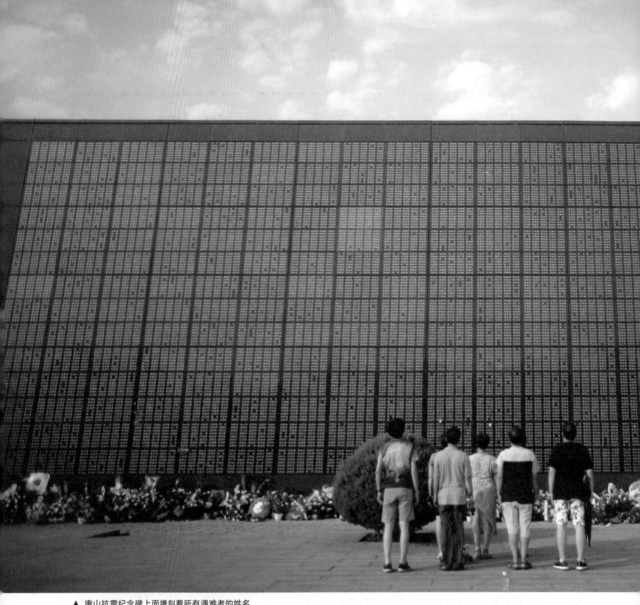

▲ 唐山抗震纪念碑上面镌刻着所有遇难者的姓名

▲ 这张被撞毁的火车车厢照片是西方人了解到唐山地震破坏情形的第一张照片

▲ 救援人员在竭力清理废墟，援助余震后的受伤人员

修复和重建工作几乎是立即开始的，但道路和铁路线遭到了严重的破坏。水库毁坏，水源受到污染。灾民需要大量的临时住所，工业基础设施也需要优先恢复。直到1982年，一些幸存者仍然住在这些临时避难所里。虽然复苏过程艰难，但唐山再次发展成一座新型的、充满活力的城市。如今，唐山市人口大约是1976年的两倍，每年都会举行众多仪式，纪念那些在大地震中丧生的人。

唐山地震后，中央政府颁布了第一部抗震建筑标准规范。此后也发生过其他大地震，但唐山大地震的记忆永远不会褪去。

青龙县地震准备工作

据说，唐山大地震摧毁了中国青龙县18万多栋建筑，然而，青龙县群众却奇迹般地躲过了这场塌天大祸，无一人在地震中丧生，尽管不久后有一个人死于心脏病发作。是什么原因让青龙县与唐山其他地区形成了鲜明的对比？联合国"全球计划——灾害科学与公共行政管理相结合"项目于1995年到1996年间对此进行了调查，发现了一些非同寻常的信息。1974年，中国政府发布国务院第69号文件，要求加强地震防备，并警告说，在不久的将来可能发生里氏6级以上的大地震。

国务院第69号文件提倡加强国民地震教育，培养群众对即将发生的地震的预警信号的意识。为此，青龙县政府官员在村里、公社建立了450多个观察站。志愿者们密切监视水位、动物行为以及电流、磁场的变化。青龙县还启动了一项警醒民众的计划，比如，在公共场所张贴1.4万多张海报，分发了7万多本地震防范小册子，同时放映了120多次关于地震防备工作的幻灯片。

精力充沛的21岁的王春青被任命为青龙县地震防汛抗震小组长。1976年7月，他参加了国家地震局会议，会上科学家警告说，中国北方很有可能发生一场大地震。回到青龙县后，王春青立即向县委领导汇报了会议内容，并通过监测站向县委领导提供了地震的最新信息，县委领导立即采取了行动。

截至7月26日，青龙县群众纷纷搭起帐篷作为临时居所。据估计，当时，60%的居民，大概47万人已经从家里搬了出来，而选择住在家里的人接到指示，夜晚房门敞开，方便地震发生后逃生。

中共青龙县党委发布了一份地震公告，并利用此前计划召开的农业会议宣传防震抗灾知识。他们还借助公共广播系统和电话交换机进行宣传。7月24日的监测站报告称，井水已变得浑浊不堪，不可饮用。一群来自各地监测站的学生坚持要将当地学校的研讨会日期提前至7月27日举行，也就是地震发生的前一天。虽然地震对财产造成了大量的破坏，但该县充分的防震准备工作减轻了重建工作的压力，为未来抗震救灾工作树立了榜样。

简况

■ 死亡人数：7500万~2亿
■ 范围：全世界
■ 时间：1346—1353年（黑死病在欧洲爆发的高峰期）

黑死病肆虐，导致欧洲人口锐减30%到60%，3个世纪过后人口才恢复。黑死病通过老鼠传播，症状主要表现为发热、呕吐、呼吸道疾病以及腋窝和腹股沟的疬子等。

黑死病

可怕的黑死病爆发，整个世界瘫痪了。

数代人享受了温和的气候后，欧洲前所未有地人口激增，生活在欧洲大陆上的人比以往任何时候都多。在第一个千禧年转折之际，欧洲人口为2400万，而到1340年，欧洲人口已经达到5400万。

欧洲国家都在拼命地开垦农田，侵蚀森林，粮食供应已经满足不了激增人口的需要。然而，就在小冰河期刚开始的时候，一场可怕的灾难——黑死病悄然而至：一个世纪后，欧洲人口骤降至3700万。

虽然许多人认为黑死病起源于几个世纪前的非洲东南部，并沿着尼罗河蔓延到欧亚大陆，但目前还不清楚导致黑死病患者死亡的真正原因。这一可怕的疾病在潮湿的货舱、堆满谷物的筒仓磨坊、肮脏的街道以及积满污垢的码头上极速蔓延，在未来的岁月里，情况会更糟。

黑死病的病毒源于黑老鼠的背部，它们寄生在跳蚤的血液中，这些跳蚤感染了鼠疫耶尔森菌[1]，并在带血斑点的痰中大量繁殖，而这些带血斑点的痰来自于剧烈咳嗽的黑死病患者。病毒从人们腹股沟和腋窝里球根状、散发臭味的疮里渗出液体。短短几天内，黑死病猛烈而无情地摧毁了一座座城市。

这场流行病使14世纪中期的欧洲迅速陷入瘫痪状态，我们今天称这种大范围的流行病为黑死病，但它当时的名字却不一样：世界末日般的名字——瘟疫。随着百年战争[2]席卷西欧以及与东方势不可挡的金帐汗国的蒙古人之间的冲突，饥荒开始导致人口处于可持续发展极限的国家陷入瘫痪，黑死病迅速蔓延，随之而来的是大量人口的死亡。全世界人民都知道瘟疫正在降临……

瘟疫笼罩着一层神秘的面纱，即使如今，研究人员仍在讨论黑死病病毒的确切组成及其穿越大洲的传播路径。可以肯定的是，黑死病病毒起源于欧洲大陆的东端；穿过卡法（Caffa）[3]、西西里岛（Sicily）和南欧之前，黑死病病毒一直在蒙古帝国中穿行，猛烈袭击法国和英国时达到了顶峰。

科学家们一致认为，黑死病就是腺鼠疫，致病原因是感染了跳蚤携带的细菌，它们主要寄生在遍布非洲大陆的黑老鼠身上，但也会寄生在其他种类的啮齿动物身上，比如兔子，或者猫等大

生存还是毁灭

人们认为，许多草药对治疗黑死病有效。根据患者的收入情况，医生定期给他们开祖母绿粉溶剂或药水的处方，这种药水是由新产鸡蛋的碎壳与切碎的金盏花、麦芽酒和糖浆混合制成的。另一种有效的治疗方法是尿液，据说每天两杯可以预防黑死病。

治疗淋巴结炎非常棘手。恐惧之余，人们相信可以通过手持面包抗击疖子，并将其掩埋来驱除鼠疫。甚至更难以置信的是，把一只活母鸡绑在浮肿处，并重复冲洗。医生后来发现，在早期阶段刺破淋巴腺、对其进行排脓以及在伤口处涂抹药膏比较有效。这种药膏通常由树脂、白百合根、人类的干粪便、砷或蟾蜍干制成，材料用量取决于是否容易获得。非极品药膏是由煮熟的洋葱、黄油和大蒜混合制成，同时通过水蛭或切口放血，还要使用黏土和紫罗兰。

大多数情况下，据说黑死病就是瘴气，人们认为最好的预防措施是携带袋装的甜香草和香料（或称为香丸），在家中焚烧。大多数人认为自己只能选择斋戒、祈祷以及加入鞭笞者运动[4]（1348—1349）的行列，为自己的罪行忏悔，或者杀死可疑的女巫。

---

[1] 鼠疫耶尔森菌（Yersinia pestis）现归入肠杆菌科，原系动物感染性疾病的病原菌，人通过接触感染动物或污染食物而患病。

[2] 百年战争（Hundred Years' War）是世界最长的战争，主要指英国和法国以及后来加入的勃艮第于1337年—1453年间的战争，断断续续进行了长达116年。

---

[3] 如今乌克兰境内的费奥多西娅（Feodosiya）。

[4] 鞭笞者运动英文源自于拉丁语"鞭子（flagella）"，个体基督教徒禁食、清贫、归隐之类的苦修，集体以自我鞭笞、流血殉道的方式表达自己的极度虔诚自古有之。黑死病在欧洲肆虐后，在对教会的怀疑和失望中，鞭笞者运动迅速兴起，可以说是教徒的一场自救：他们认为这样的人间惨剧是因为罪孽深重的人类受到了上帝的惩罚，只有虔诚地忏悔和自我惩罚，才能得到宽恕。

在这个国家财富绝大部分依赖可耕地的时代，黑死病造成了巨大的的损失。

型哺乳动物。

黑死病病毒——鼠疫耶尔森菌相当令人讨厌。它会感染跳蚤的血液，然后在前胃（跳蚤胃前的瓣膜）内造成旧血液和细胞的积聚。这种堵塞意味着，当饥饿的跳蚤试图袭击下一个受害者时，胃中的高压会压迫一些摄入的血液，以及前胃中积累的成千上万个细菌细胞重新回到裸露的伤口中。

然后，这群鼠疫耶尔森菌会沿着受害者的淋巴管道，从咬伤的源头排到最近的淋巴结。一旦到达那里，细菌就会完全在淋巴结上寄生，紧接着淋巴结会肿大、变硬并渗出腐臭的脓汁。由于大多数人的腿部被咬伤，就形成了腹股沟淋巴结，随着淋巴结肿大，导致腹股沟淋巴结炎，这就是鼠疫的主要症状。淋巴结形状丑陋又令人痛苦不堪，小的如葡萄，大的如橙子，让人动一下都受不了。

不过，在淋巴结出现之前，受害者身上会有轻微的预兆。首先是流感症状，然后病人很快就会发高烧。一两天内，"上帝的标记"把这些症状连接起来，形成被称作"玫瑰"的小型圆形皮疹，这种皮疹会蔓延至全身，尤其是受感染的淋巴结周围。脆弱的血管壁和内部出血引起淋巴结，这些迹象表明你不仅仅是得了重感冒，正如莎士比亚所说："得了瘟疫，你就必死无疑。"一旦淋巴结炎在皮肤中爆发，病情往往发展很快。腹泻和呕吐会接踵而至，就像淋巴结炎破裂导致的脓毒性休克一样，呼吸衰竭和肺炎会抹去生命的最后一丝希望。仅仅两周内，感染鼠疫的人口死亡率达到80%。

意大利编年史学家阿格诺洛·迪图拉·德尔·格拉索（Agnolo di Tura del Grasso）很好地概括了当时人们的恐惧："我不知道从哪里开始描述黑死病的无情和残酷，几乎所有目睹这一切的人都目瞪口呆。人类的语言已无法描述这可怕的疾病了，那些未经历过这一可怕情形的人真的很幸运。染上病的人几乎立刻死去，有的患者腋下和腹股沟都会肿胀，会在说话时突然倒地暴毙。黑死病似乎可以通过呼吸和视觉传播，父亲抛弃儿女，妻子离开丈夫，兄弟们抛弃彼此，所有人都远离对方，所以他们都去世了，无论用金钱还是凭友谊，都找不到人来帮助安葬。"

面对瘟疫和即将来临的时代，为了彻底铲除黑死病，法国国王菲利普六世（King Philip VI）委托巴黎大学医学院推断邪恶的黑死病的来源。

▲ 17世纪初期治疗鼠疫的医生

这些教授的调查结果并不是什么好兆头，因为他们把黑死病归结为土星、火星和木星同时在宝瓶宫，以及土星在木星宫的位置，而且没有什么可以挑战宇宙的意志。当时，温暖、潮湿的蒸汽据说来自木星，而炎热干燥的火星点燃了这些蒸汽。当时，人们认为，一种叫作瘴气的疾病形成了这种浓浓的、臭臭的不健康烟雾。火山的硫黄喷发和地震的巨大威力也加剧了黑死病。

这种蒸汽据说是黑死病的罪魁祸首，人们不敢洗澡（因为洗澡毛孔会张开，引起瘴气入侵），他们把自己关在挂着厚挂毯的封闭房间里，阻挡有毒的空气，同时开始随身携带花束和香丸遮挡恶臭。但是，这些都救不了他们。

当黑死病在后方袭击卡法时，1346年，蒙古人包围了这座城市，并准备好展开一场旷日持久的战役。突然之间，金帐汗国军队的围城之战开始崩溃。接下来发生了第一次人类所知的生物战事件：蒙古人即将撤退并返回东方，他们先收集患病死者的尸体，后将其弹射到卡法的城墙上。

不久以后，鼠疫袭击了欧洲。虽然病毒穿越亚洲花了大约15年时间，但它却在不到5年的时间里摧毁了欧洲。当金帐汗国军队打了败仗归来时，黑死病沿着黑海海岸蔓延，直捣拜占庭帝国（今保加利亚南部）。1347年，鼠疫到达地中海，袭击了西西里岛的墨西拿（Messina）。当地人意识到，这头怪物经海路袭击西西里岛，于是港口开始拒绝船只入港，但此时一切都为时已晚。

来自热那亚和君士坦丁堡的商船把鼠疫带到意大利境内，于是鼠疫在意大利境内的河流、运河以及人行道上横行。1348年，威尼斯每天有600人死亡，罗兹岛（Rhodes）、塞浦路斯（Cyprus）和墨西拿全部沦陷。黑死病入侵的步伐加快，北上猛地攻入欧洲腹地，马赛60%的

人口和巴黎近一半的人口死亡。疾病造成了太多人死亡，大家不知所措，波尔多（Bordeaux）市长甚至放火焚烧了港口。

英国当时的情况也好不到哪里去。黑死病于1348年到达英格兰南部海岸——主要通过布里斯托尔（Bristol）、韦茅斯（Weymouth）和伦敦等港口。到1349年春天，伦敦50%的人口死于黑死病，每天死亡人数高达300人左右。

在这个国家财富绝大部分依赖可耕地的时代，黑死病造成了巨大的的损失。大量土地没有农民耕种，反而是骑士和教会人士汗流浃背地在田里劳作，由此促进了新的自耕农阶级的发展，因为缺少农奴的土地所有者被迫将地产租给幸存的农民，其劳动力对当时严重的通货膨胀而言需求很大，于是农民实现了首次独立。这样就释放资本，使整个社会经济更具流动性，导致一种原始资本主义的诞生，但也促成了"失落的村庄"。

疫情造成了大量的人口死亡；此外，富人田产的分割也要看遗孀丰厚的嫁妆而定，寡妇们有权终身获得配偶收入的1/3。随着死亡率的上升和年老未婚女性占有大量的遗产，年轻的贵族和穷人一样囊中羞涩，没有更好的条件对抗瘟疫。黑死病前，英格兰人口长期过剩，这意味着劳动力市场没有受到疫情初期的影响，但到14世纪70年代，劳动力出现严重短缺。为了抑制工资上涨，英国政府出台了越来越严格的法规，此举最终导致1381年英国的农民起义。欧洲其他地方也是如此，黑死病也导致了1358年的法国扎克雷起义①和1378年的意大利梳毛工

---

① 法国农村的阶级矛盾在14世纪已经达到极端尖锐的地步，1358年5月21日，"扎克雷起义"爆发。扎克雷，源自Jacques Bonhomme——"呆扎克"，意即"乡下佬"，是贵族对农民的蔑称，起义由此得名。

黑死病蔓延的区域范围

1346年	1349年	未受影响的区域
1347年	1350年	无可靠的数据
1348年	1351年	

1350年
黑死病袭击了瑞典，从黑海以东的蒙古大草原开始顺时针方向旋转，穿过南欧，直达北欧心脏地带。

1351年
在死亡的阵痛中，鼠疫肆虐东欧。然而，此时最严重的时期已经过去了。欧洲近一半人遇难，幸存下来的人，无论是农奴、乡绅还是牧师，在越来越冷的季节里，都在田里劳作。

1346年
黑死病正在金帐汗国的中心地带蠢蠢欲动。金帐汗国是蒙古帝国解体后的西北地区，从黑海一直延伸到如今的哈萨克斯坦和俄罗斯。金帐汗国入侵者在围攻卡法时被黑死病击倒，他们把死者的患病尸体弹起扔过城墙。

1349年
据说犹太人制造毒药，污染了井水，随着黑死病席卷中欧，欧洲各国将犹太人驱逐出境，如今病情已经从斯堪的纳维亚海岸蔓延到摩洛哥。受迫害的犹太人逃往波兰，而在伦敦，每天仍有300名犹太人遇难。

1348年
欧洲南部鼠疫泛滥成灾。从西班牙西海岸延伸到布加勒斯特大片区域，后蔓延至法国和英国。波尔多市也饱受折磨，为了安抚上帝之怒，欧洲大陆陷入了狂热的宗教忏悔之中。

1347年
黑死病沿着黑海和地中海的海上航线和沿海贸易路线传播，满载细菌的船只成群结队地进入君士坦丁堡、克里特岛、西西里岛、撒丁岛和法国南部。人们责怪受到诅咒的船只和它们带来的污浊空气，但是没有发现黑老鼠。

黑死病袭击的流程图

流感的袭击
黑死病一开始的症状好似重感冒，伴随的症状有疼痛、寒战以及开始发烧。

上帝的标记
仅仅几个小时后，圆形红疹开始出现在被感染的淋巴结周围。

腹股沟淋巴结炎突破
在一两天内，淋巴结变黑并肿胀，几乎达橙子那么大。

呕吐
包括血液在内的体液流失，伴随并加剧了所有肿胀的淋巴结。

脓毒性休克
感染黑死病两到三天，脓毒症休克和肺炎常常侵袭患者。

呼吸衰竭
身体的中枢系统在攻击下变得虚弱，开始关闭。

死亡
通常在两到四天内，鼠疫就会征服宿主。许多死者横尸大街。

人起义①。

尽管神职人员给人们提供内心慰藉，但宗教对黑死病也无能为力。牧师通常是距离医生最近的人，政府禁止医生解剖上帝的孩子们的尸体，因此他们不能做尸检来了解死亡的确切原因。惧怕瘟疫的牧师则拒绝主持临终祈祷，他们敦促人们相互忏悔，葬礼仪式也同样被略去。尸体堆积成山，而有商业头脑的农民则开始收集并埋葬死

者，以赚取一定的服务费用。

最终，神职人员拒绝尸体进入城市，但是死亡如影随形，于是他们规定不准敲响丧钟。然而，1348年出现了更大的宗教威胁。鞭笞者兄弟会运动在德国兴起，他们带领1000多人在全国游行33天半，以纪念救世主在世间的岁月，他们残忍地用布满铁钉的皮带抽打自己，以示向上帝忏悔、获得保护，免遭上帝之怒的惩罚。他们就像摇滚明星，引得众人围观，许多人伸出手接住从伤口溅出的神圣的血滴。

到1349年，鞭笞者运动已经偃息旗鼓，沦为潮流效应的牺牲品，遭到许多流氓恶棍的剥

① 意大利佛罗伦萨共和国梳毛工人的大规模起义。又名褴褛汉起义。爆发于1378年7月，同年8月失败，起义的目的是推翻被称为"肥人"的大企业主、大商人和银行家的统治，建立自己的行会，取得参加市政选举的权利。

这场鼠疫夺去了大约40%到50%的欧洲人的生命，约2000万人。

削，后者靠鞭笞者兄弟会会员牟利，臭名远扬，严重影响了公众情绪。面对世界末日，极端基督教意识形态的强化激起了整个欧洲的反犹太主义，犹太人遭到了前所未有的迫害。

当时生活在欧洲的250万犹太人是巫术和邪恶行为的主要嫌疑人，他们与神秘魔法以及黑魔法有联系。1000年时，犹太人就是强大的国际商人，而如今他们处于衰退期，这最终导致了意大利商人于1500年取代了犹太人在经济上的地位。结果，犹太人分散了并在欧洲四处游荡，有人指控他们酿造毒药并污染了井水。

刑讯逼供下会产生虚假的供词，比如1348年鼠疫最严重的时候犹太人阿吉米特（Agimet）的供词。1349年圣瓦伦丁节①（St. Valentine's Day）那天，2000名犹太人在斯特拉斯堡的公墓被活活烧死。德国和瑞士的其他城市也发生了类似的犯罪事件，引发了欧洲各地的大规模犹太人移民潮。

卡西米尔国王（King Casimir）爱上了一个犹太女人，国王向爱人的犹太亲属开放波兰的边界，所以大量犹太人逃到了波兰，于是这些犹太人一直到大屠杀②都生活在波兰。然而，当犹太

人逃离德国人的杀戮和毁灭时，鼠疫正在逐渐消失。于1350年传播到瑞典；到达俄罗斯时，鼠疫几乎已经在法国和英国传播开来。

就到底是什么阻止了黑死病持续在人群中蔓延这一问题，历史学家们从未达成一致意见。由于大规模人口减少和对传染性贸易路线的日益恐惧，人们进行了检疫隔离、稍微改善了卫生条件，往返欧洲的人数减少，这些因素都起到了一定作用。这场鼠疫夺去了大约40%到50%的欧洲人的生命，大约2000万人。除去1918年第一次世界大战结束后的西班牙流感夺去了5000万人的生命，欧洲大陆还从未遭受过这么严重的疫情。

许多人不知道黑死病的真实病因，认为黑死病是一种由空气中有毒有害的烟雾引起的瘴气病。因此，人们会手持花束，在家烧香，不再洗澡（因为洗澡时毛孔会打开），甚至把尿液溅到身上，加强抵抗外界烟雾和蒸汽。

一些历史学家认为，1666年消灭黑老鼠的伦敦大火③，使英国免遭鼠疫之殃。欧洲经过数个世纪才完全恢复生气，幸存下来的人都目睹了灭顶天灾。

---

① 圣瓦伦丁节（St. Valentine's Day），又译"情人节"，日期为每年公历的2月14日，是西方国家的传统节日之一，这一天，情侣、夫妻、父母子女以及亲友之间都互送礼物用以表达爱意或友好。
② 大屠杀（the Holocaust），指纳粹德国在第二次世界大战中的种族清洗。据战后统计，德国在这场种族清洗活动中屠杀了将近600万犹太人。其中，波兰犹太人最多。波兰原有350万犹太人，战后只剩下7万余人。

---

③ 伦敦大火，发生于1666年9月2日—5日，是英国伦敦历史上最严重的一次火灾，烧毁了许多建筑物，包括圣保罗大教堂，但终结了自1665年以来伦敦的鼠疫问题。

▼ 为了尽量避免与他人接触，黑死病受害者的葬礼通常在晚上举行

简况

- 死亡人数：43
- 地点：美国加州
- 时间：2017年

洪水与大风组合形成的天气事件，引发了一系列毁灭性的野火，将加州各地的社区夷为平地。加州损失高达数十亿美元，在感恩节前夕，许多家庭妻离子散。如今，受影响的城市仍在哀悼死者并进行重建中。

加利福尼亚
森林大火

就在加利福尼亚人准备过感恩节的时候，
大风和随后的野火造成了大量破坏以及人员死亡。

钱无法解决的问题

很多加利福尼亚人在2017年的加州野火中失去了住房和财产，大火给穷人、富人都带来了伤害。有一个家庭尤为不幸，2017年10月，50岁的医生安东尼奥·王（Antonio Wong）带着妻子普拉蒂玛（Pratima）以及当时19岁的儿子，逃离了他们在圣罗莎的家。不久之后，塔布斯大火爆发，烧毁了他们在圣罗莎的房子。王在文图拉还有一座房子，这座房子租给了美国军人。12月，当王氏夫妇试图解决住处的问题时，发现文图拉的房子也被托马斯大火烧得一干二净。

凶猛的火焰不会因为你是名人就放过你。12月初，大火逼近洛杉矶，包括格温妮丝·帕特洛[1]和瑞茜·威瑟斯彭[2]在内的演员的家被疏散，同样经过疏散的鲁伯特·默多克[3]的房屋被浓烟损毁。曼德维尔峡谷

---

① 格温妮丝·帕特洛（Gwyneth Paltrow），美国影视演员，1972年出生于洛杉矶。出演过《艾玛》（Emma）《七宗罪》（Seven）《莎翁情史》（Shakespeare in Love）和《钢铁侠》（Iron Man）中的女主角，并获得第71届奥斯卡最佳女主角奖。
② 瑞茜·威瑟斯彭（Reese Witherspoon），美国影视演员，1976年出生于路易斯安那州新奥尔良。主要出演作品为《律政俏佳人》《大小谎言》。
③ 鲁伯特·默多克（Rupert Murdoch），1931年出生于澳大利亚，毕业于牛津大学伍斯特学院，世界报业大亨，美国著名的新闻和媒体经营者，新闻集团主要股东、董事长兼行政总裁。

（Mandeville Canyon）和布伦特伍德（Brentwood）的洛杉矶郊区灾情尤为严重，穿过该地区的道路和一条州际公路被迫关闭。女演员伊娃·朗格利亚[4]在社交媒体上发布了火灾警告，并鼓励人们尽快疏散。幸运的是，当时她在纽约，而她的哥哥当时住在她洛杉矶的家里，不得不离开。

---

④ 伊娃·朗格利亚（Eva Longoria），美国影视演员，1975年出生于美国得克萨斯州。2005年，因主演美剧《绝望的主妇》而走红。

大火不分昼夜地燃烧着，火焰吞噬着沿途的一切，比如树木、灌木、建筑物和人群。从俄勒冈州南下一直到墨西哥边境以北的圣地亚哥，似乎没有什么能阻止肆虐的大火，即使山脉也做不到。那是2017年年末，正值秋冬季节，刺鼻的烟味充斥着大家的鼻孔，人们的内心充满了恐惧，担心大火是否会烧到自家，殃及家人。

2017年约有9000起野火在加利福尼亚肆虐，数以千计的独立火灾得到控制，但是大火仍旧摧毁了100多万英亩土地。持续燃烧的大火摧毁了1万多座建筑，最后，43人葬身火海。加州这片烧焦的土地见证了该州近代史上最可怕的几个月。

2017年年初下起了倾盆大雨，并没有火灾。加利福尼亚人目睹了近一个世纪以来最潮湿的冬天，暴雨袭击了他们的城镇和家园，但人们内心丝毫不恐慌。加州此前严重干旱，所以这场大雨很受欢迎。但是，大雨不断，洪水不可避免地发生了。洪水冲毁了道路和高速公路，最终造成了近10亿美元的损失。仅1月份，流经索诺玛县和门多西诺县的"俄罗斯河"河水就暴涨了三英尺，超过了洪水水位。电力供应中断，当局疏散了受灾最严重地区的居民。没有"正常"的天气，加州似乎不是非常干燥，就是非常潮湿。洪水意味着干旱状况有所缓解，火灾的风险很小，尽管加州火灾频繁发生。

然而，有些人意识到潮湿的环境并不能防止火灾。首先，加州的火灾是出了名的；据报道，加州每年大约发生5000起火灾，不可避免地造成土地损失。但是，大火之间相当独立，大多数火灾可以得到控制，并被扑灭。但如果同时发生多起火灾，那就另当别论了。与预期相比，如今洪水带来的问题与火灾有更大的关联。在潮湿的环境下，新植物很快生长出来，美国机构间消防中心（the National Interagency Fire Centre）警告，如果雨停了，一切都会干透，因为新植物就成了火种，草地随时有可能起火。这本是预言，然而却一语成谶。

就在10月8日晚上10点，索诺马县圣罗莎（Santa Rosa）北部发生了一场名为塔布斯的新火灾。据报道，凌晨1点，郊区发生了第一批死亡事件。凌晨3点，大火蔓延到圣罗莎市边缘，很快就对圣罗莎造成了严重破坏。圣罗莎是加州北部的主要城市，素有"葡萄酒之乡"的美誉，但它也因野火肆虐而声名狼藉。17.5万居民中的许多人都感觉到火势逐步增强，他们密切监测风速、风向，很快就对强风产生了戒心，大风带来了先前由火灾破坏而产生的烟雾，风速超过每小时60英里。凌晨3点，科菲公园（Coffey Park）附近的街道在夜空的映衬下燃烧着橙色的烟雾。仅仅在加州这部分地区，大火已烧毁了数百座房屋，瞬间将这些地区夷为平地。最终3500多座建筑被毁。令人痛心的是，死神也开始降临，76岁的妇女卡罗尔·柯林斯-斯瓦西（Carol Collins-Swasey）于当天凌晨在科菲公园的家中死亡。遇难者多为老人，因为他们几乎不可能在大火中从家中很快逃出来。其他行动不便的人，比如27岁使用轮椅的残疾人克里斯蒂娜·汉森（Christina Hanson），同样无法躲过火焰，最终死于非命。当人们睡觉、挣扎或死亡时，火焰继续在与地面平行的地方燃烧着，行

一名消防队员的勇气

消防员科里·艾弗森（Cory Iverson）当时32岁，生活美满。他有一个两岁的女儿埃维（Evie），妻子阿什利（Ashley）再次怀孕，他即将要成为两个孩子的父亲。科里一家住在圣地亚哥，他当时在加州消防署（加利福尼亚林业和消防部）担任消防设备工程师。2017年12月14日，科里在加州菲尔莫尔山（Fillmore）上与托马斯大火搏斗时不幸罹难。在被由强风引发的局部火灾包围之后，科里死于热损伤和吸入过量浓烟。

在加州公路巡警的护送下，科里的遗体被送到其家乡圣地亚哥安葬，其他消防队员组成一支送葬车队，从文图拉到圣地亚哥走过了200多英里。纪念科里的仪式在圣地亚哥岩石教堂举行，有数千人参加。科里最初是一名志愿消防员；2009年，他在加州消防队河边分队找到了一份工作，很快晋升，成为享有声望的直升机消防队的一员，这些队员会携带专门的装备在水源无法灭火的环境中消灭火灾。去世前一年，科里刚被提升为工程师；此前，科里曾在洛杉矶国家森林部门工作。去世的那天晚上，他确保自己的队友都能安全地从大火中逃出，尽管这一决定让他自己陷入了困境，并付出了自己宝贵的生命。

▲ 科里·艾弗森（Cory Iverson）的遗体被运往其家乡圣地亚哥镇的途中，文图拉的消防员向他致敬

·191·

动如此之快，快得令人避之不及，宛如洪流。

加州北部发生了一系列火灾，而塔布斯仅仅是其中一场，大约250场野火形成了名副其实的大火，继而引发了混乱和恐惧。据报道，到10月10日，一块面积大小为曼哈顿8倍的地区已被烧毁，东部纳帕地区的阿特拉斯峰（Atlas Peak）

大火烧毁了4万多英亩土地，其中只有一小部分大火得到遏制。道路被迫关闭，数百人失踪。仅仅6天后，加州北部9万人已从家中撤离，大火烧毁了超过20多万英亩土地。43人遇难，大多数死亡事故发生在火灾前48小时。火灾一夜之间突然爆发时，许多人还在睡觉。由于加利福尼亚这

数据

10月份的火灾造成**43人**死亡

托马斯大火的高峰时，有**8000名**消防队员参加救火

预计火灾造成的总损失高达**1800亿**美元

12月份，大火烧毁了**30.8万**英亩土地

火灾中，**192名**市民受到非致命的伤害

大火殃及**1100万**人

纳帕县和索诺玛县**5.3万人**失去电力供应

30名侦探受命寻找失踪人员

10月份，大火烧毁了**24.5万**英亩土地

一共疏散了**23万**人

随着火势蔓延，谣言开始传播，说火灾是由一名非法移民引起的。

一带的许多房屋都靠近荒地，因此，大火很容易从树林丛蔓延至房屋。

随着火势蔓延，谣言开始传播，当地的治安官被迫采取行动。据报道，火灾不是由天气原因引起的，而是由一名非法移民造成的。人们对移民问题的道德恐慌导致一个人无辜蒙冤，索诺马县治安官罗布·乔尔达诺不得不公开回应，驳斥了其办公室逮捕涉嫌纵火犯的谣言。乔尔达诺声明，这些谣言富有煽动性，纯属无稽之谈。谣言像野火一样蔓延，直到几时才得以澄清。

在过去整个10月份，大火在加利福尼亚北部肆虐，一串火苗从旧金山一条走廊向北蔓

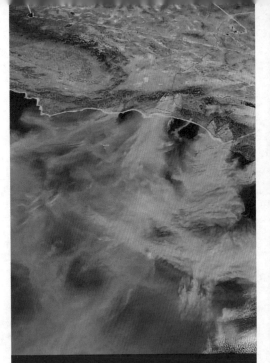

▲ 2003年雪松火灾期间，圣地亚哥市浓烟滚滚

加州火灾历史

　　加州常年发生火灾。这是由于该地区3月到10月典型的干燥、多风以及炎热的天气条件，非常有利于野火蔓延。当然，一些大火很容易被扑灭，但正如2017年的火灾所显示的那样，有些火灾对财产、动物以及人类可能造成毁灭性的破坏。

　　1889年9月，圣地亚哥峡谷大火烧毁了加州南部约30万英亩的土地。2017年，雨水比往年少一些，圣塔安娜风却很常见。新闻报道称，大火起源于圣地亚哥峡谷内的一个牧羊人营地，附近牧场的5万袋大麦迅速燃烧起来，导致火势蔓延，几乎全县受到影响。数千只羊死于火海之中，许多农民的生计遭到了破坏。大火肆虐的消息传到了英国，据报道，"干旱之后，可怕的森林大火正在加利福尼亚的边远地区肆虐。财产损失已经非常严重，而且大火仍在燃烧"。令人惊讶的是，尚无人员死亡的报道。

　　1932年才开始有了关于火灾的正规记录；这些记录显示，托马斯大火于2017年12月摧毁文图拉县和圣巴巴拉县的部分地区之前，加州最大的火灾是2003年10月发生在圣地亚哥县的雪松火灾。据说，一位迷路的猎人在克利夫兰国家森林（Cleveland National Forest）引起了大火，圣地亚哥县中部的雷蒙娜（Ramona）南部首先报道了这起火灾。那些生活在野猫峡谷（Wildcat Canyon）和穆特山谷（Muth Valley）的人几乎没有注意到这场火灾，10月25日晚上，这片定居点的居民中有12人遇难。雪松火灾造成15人死亡，毁坏或摧毁了近3000栋建筑，是加州近代史上最大的人为火灾。

▲ 2017年12月7日，消防员看到托马斯大火沿着101号公路蔓延

延，另一串火苗则从加利福尼亚东部玉巴市（Yuba City）东北部向北一路延伸到小城奇科（Chico）。在纳帕县（Napa）和索诺玛县（Sonoma），大火烧毁了所有珍贵的酿酒厂，幸存下来的葡萄藤也毫无用处，葡萄遭到烟熏已经变质。10月14日，索诺马县当局称，仅本县境内就有22人死亡。同一天，纳帕县又报告了两起死亡事件。然而，计算死亡人数并不容易，由于媒体和当局难以分辨各种谣言和奇闻异事的真假，数据自然也有所不同。至此，只有部分火势得到控制。许多人仍无家可归，企业失去了营业

场所。当局设立了疏散区，这样就形成了由警察把守的路障区。那些原本住在疏散区内的人，不得不在旅馆或汽车旅馆里另寻住处，这给他们带来了很大的经济困扰。

消防队员正在努力扑灭大火，但救援人员远远不够，所以其他地区的消防队员也被征召来帮忙。从南到北，从东到西，消防队员抵达加利福尼亚，其中华盛顿、俄勒冈、亚利桑那的消防队员也参与了救援。救援工作需要1000多辆消防车。恐慌时期，不仅消防员要辛勤救援，警察也来帮助维持法律秩序、监控疏散区；医务人员需要处理不可避免的伤害以及死亡。包括志愿者

在内的搜救队伍，在受灾最严重的社区寻找仍下落不明的人，这些街区和居民区如今已是一片废墟。那么多人处在绝境的边缘。这些志愿者和紧急服务人员在烟雾弥漫的环境中气喘呼吁、不停地咳嗽，试图拯救那些处于险境中的人。与此同时，无论是住在自己的家中还是疏散后的紧急住所的众多居民，每天早上醒来，都会往窗外看，试图确定当天的风力、风向，看自己是否能闻到大火或刺鼻烟雾的气味。

10月底，火势正逐渐减弱，但是加利福尼亚人知道不能掉以轻心，他们在过去的数年、数十年里已经目睹了太多的森林火灾。10月24

日，加州北部的当地报纸《萨克拉门托蜜蜂报》（Sacramento Bee）报道了加州首府的情况，警告说："加州的火灾季节尚未结束，根本不可能结束。"大火还在继续燃烧，虽然规模不及之前，但是预计仍会有高温天气和同样强度的大风出现。气象学家担心，随着秋去冬来，可能会发生新的火灾。本应庆祝节日的季节，这些预测竟变成了现实。相反，节日庆祝变成了担忧，人们担心会再次引发火灾，进一步导致悲剧。

距离圣诞节只有几周了，加利福尼亚居民刚刚庆祝了感恩节，他们正感恩野火正在消退。然而，不久大风又刮了起来，尤其是圣塔安娜风，它非常有利于野火蔓延。美国大盆地区包括俄勒冈州部分地区和加利福尼亚州；这些强烈、干燥的大风以高气压风在内陆形成，但却吹向沿海地区。因此，人们将圣塔安娜风称为"魔鬼大风"合情合理。大风本身不会生火，但其凉爽干燥的阵风却臭名昭著，因为圣塔安娜风为火灾创造了最适合的天气条件，助长火势蔓延。

12月份火灾集中在洛杉矶地区周围——从南部的丁香市（Lilac）到大都市区西北部的托马斯和拉伊（Rye）。大火从内陆蔓延到沿海城市和陆地，包括圣贝纳迪诺（San Bernardino）、长滩、洛杉矶和文图拉。文图拉县的托马斯大火尤其猛烈，从12月4日开始，这起大火开始在距洛杉矶约50英里的圣保拉（Santa Paula）市中心迅速蔓延，并在果园浪漫地燃烧，为该地赢得了"世界柑橘之都"称号。随后，大火蔓延至沿海城市文图拉，也就是人们所熟知的的圣布埃纳文图拉（San Buenaventura），导致该市以及整个文图拉县的数千人撤离自己的家园。12月5日上午，文图拉县长杰里·布朗（Jerry Brown）迅速宣布全县进入紧急状态，警告道：这里的火灾"非常危险，而且蔓延迅速"。流经整个城市的文图拉河对灭火没有帮上一点忙。大火摧毁了所到之处的建筑，压根不顾在建筑里面生活或工作的人的死活。

那些没有撤离的居民面临着巨大的难题，大

肆虐的托马斯大火

2017年12月4日，托马斯大火似一堵火墙，威胁着加利福尼亚西海岸。托马斯大火最初起燃于圣保拉市（Santa Paula）北部的小灌木，不到一周蔓延的范围比纽约市还大，只有20%火势得到控制。托马斯大火发生两天后，只有一个人死亡。但是，此人并不是葬身于火海。遇难者弗吉尼亚·比索拉（Virginia Pesola）在逃离大火时死于车祸。托马斯大火迅速席卷了奥怀山谷（Ojai Valley）和洛斯帕德雷斯国家森林；最快时，火势以每秒一英亩的速度蔓延。12月13日，大火已经到达圣巴巴拉县蒙特西托市的边缘，这里的人生活富裕，但金钱也无法阻止托马斯破坏的脚步。即使看到托马斯在自家后面山坡上燃烧的熊熊大火，许多业主也拒绝撤离。他们认为自己已经在此地生活了很长时间，之前曾多次看到附近发生火灾，因此没有必要撤离。然而，当局在圣巴巴拉县和邻近的

文图拉县都颁布了强制疏散令。至12月18日周一，近9.4万人被迫服从命令撤离。

托马斯大火是以圣保拉市的托马斯·阿奎那学院（Thomas Aquinas College）命名的，这起火灾最初就是在托马斯·阿奎那学院附近发现的。一周之内，托马斯大火烧毁了文图拉县和圣巴巴拉县23万英亩土地，成为加利福尼亚历史上最大的野火。接下来一周，当地居民目睹了风速持续达到每小时40英里，而气温上升到接近摄氏30度。

此时本该正逢加州的雨季，但却成了此地有史以来最干旱的时期。两个受灾县的居民不得不等到2018年1月初才迎来降雨。这就引发了很多问题，如山洪和泥石流；等到雨水来临时，圣巴巴拉县的129座房屋已被摧毁。

火景丰富的色彩和极其壮观的景色，吸引了人们的目光。

范围停电使圣保拉县和文图拉县近20万人受到影响。12月5日凌晨，位于洛杉矶县和文图拉县之间的希尔玛（Sylma）也发生了一起独立的火灾。从洛杉矶县中心可以看到，大火产生的烟雾迅速覆盖了数千英亩土地，当地的空气质量变得非常差，当局警告希尔玛的居民待在室内，减少外出。如今，火焰包围了洛杉矶，加州群山中的火景令人难以忘怀。火景丰富的色彩和极其壮观的景色，吸引了人们的目光。这样的美景充满危险，具有破坏性，但却有催眠作用。当地人面临"现实版世界末日"大声呼喊时，这样的场景既让人望而生畏，也让人心生恐慌。

截至12月19日，席卷南加州的托马斯大火，已成为自20世纪30年代有记录以来加州的第三大火灾。这次火灾摧毁了数百万英亩的土地，烧毁了1000多栋建筑。大火仍在燃烧，只有不到一半的火势得到了控制，有警告称要到次年1月火势才能完全控制住。数千名消防员试图控制这些致命的大火，但这些大火仍摧毁了沿途的所有居民区。

随着2017年结束2018年到来，大火最终熄灭，但给受灾地区带来了巨大的经济损失、生命损失和精神损失。加州大火烧毁洛杉矶以外的区域比任何城市都要大。灭火成本已达1.1亿美元，到2018年12月南加州大火肆虐时，估计损失已超过100亿美元。

美国媒体许多专栏都记录了加州火灾造成的破坏场景。截至2018年1月底，已有20多万人逃离家园，100多万英亩土地被烧毁。如今，加州的重建工作仍在继续。科菲公园的居民们仍在等待重大重建项目的启动，许多房主已经卖掉了被大火烧毁的地皮。文图拉县的《托马斯火灾恢复声明》明确表示，该地区希望能从灾难中看到好结果，将其视作一次机会，能够用比以往更好的方式重建社区，给社区带来强烈的认同感，增强社区的凝聚力。新房子取代旧房子之前，人们要清理火灾烧毁旧房子后留下的废墟。但是，对于那些曾经住在这里的老住户来讲，看到大火把自己的房子烧得一干二净，尚需一段很长的时间才能恢复正常。

简况

- **死亡人数：** 14万
- **地点：** 日本本州岛
- **时间：** 1923年

关东大地震摧毁了东京和横滨等城市，甚至将一座雕像移到了近40英里之外。由于关东地震的破坏巨大，影响深远，日本人将其周年纪念日定为一年一度的防灾日（Disaster Prevention Day）。关东大地震给日本带来了巨大破坏，14万人死于非命。

关东大地震

关东大地震持续了不到 10 分钟，
但是它造成了 10 多万人死亡。

后来，许多经历过关东大地震的人试图计算出这次地震持续的时间。有人说是4分钟，还有人说是10分钟。不过，大家都知道这次地震威力强大，后来估计震级达到了里氏7.9级。余震持续的时间要长得多，长达几个小时，几个小时内人们经历了恐惧、伤害和死亡。

1923年9月1日，星期六，临近午饭时间，许多日本家庭正在用自己的炉灶做饭。地震发生时，炉灶被掀翻，大火蔓延，烧毁了房屋以及街道。当大火袭来，柏油路溶化了，一些人发现自己的脚粘在液化柏油路上，无法移动。一场龙卷风般的大火，点燃了东京市中心的前陆军服装厂。为了躲避地震，成千上万的人到那里避难，结果却被烧成灰烬。似乎这还不够，地震还在镰仓附近引发了一场40英尺高的海啸，海浪吞噬了此前一直在欣赏海景的成千上万人。

20世纪20年代，日本曾是一个充满机遇、遍地黄金的地方，其横滨和东京等城市的环境吸引着大量的商人和企业家，而且他们在这里可以自由讨论各种政治理念。这些城市有时也令人难以形容，因为它们充满不同的气息，拥有不同的风景，新旧事物相互碰撞，嘈杂的噪声离宁静的沉思冥想的场所只有数米远。穷人住在木屋里，大都过着传统的生活，而附近的富人则住在自己的豪宅里，想办法赚取更多的财富。这些城市的居民生活规律，虽然生活单调，但是环境安全，人们情绪乐观。然而，如今地震将这种乐观主义和正常的生活方式撕得粉碎。

东京所有的时钟停止转动，电话线断裂，自来水管道崩溃。尽管日本皇居和山苔地区（Yamagote district）大部分地方幸存了下来，但据说，后来东京三分之二的面积完全被摧毁，主要原因是地震后发生的大约50起火灾。包括英国大使馆在内的数个外国大使馆也被烧毁。在横滨，地震引发的海啸，摧毁了整个城市。此外，地震导致油罐爆炸，发生多起重大火灾。据报道，包括横须贺（Yokosuka）、热海（Atami）、伊藤（Ito）和三岛（Mishima）在内的其他城市也被摧毁。然而，在东京，关东地区遭受的打击尤为严重，地震几乎将关东地区夷为平地。本桥（Honjo）、深洼（Fukagowa）、石屋（Shitaya）以及日本桥（Nihonbashi）等地的商业区遭到地震破坏。一些重要的建筑，如数座亲王府邸、通往皇居的桥入口、日本银行、医院、宇野火车站和帝国大学，都被地震摧毁了。众多政府机构遭到破坏，

朝鲜大屠杀 ①

地震发生后，日本出现一片恐慌，他们急需寻找替罪羊来转嫁灾难。谣言迅速在惊恐的人群中传播，有人称在日本灾区的朝鲜人正制造暴乱、搞破坏。一名美国妇女拒绝回到她东京的丈夫身边，因为她害怕"数千名朝鲜犯人在路边抢劫杀人"。另一名目击者称，看到持刀抢劫的朝鲜人向路人索要贵重物品，并杀害拒绝的路人。

日本人直接将暴乱甚至地震后造成严重破坏的火灾归咎于朝鲜人。尽管大多数在日本的朝鲜人遵纪守法，却平白无故成为了地震的牺牲品。日本军人、警察以及普通居民，用棍棒和刀剑进行报复，将许多朝鲜人殴打致死，或者用刀刺伤、刺死他们，混乱随之而来。9月2日，地震后的一天，一名男子看到250名朝鲜人被绑在横滨码头的一艘渔船上。日本人把油倒在船上并点燃，这群朝鲜人被活活烧死。据报道，有的朝鲜人被私刑处死或刺伤。

一些日本自警团分不清谁是朝鲜人。因此，在地震后混乱的无法无天的状态中，许多中国人和操着地方口音的日本人被误当作朝鲜人，也惨遭杀害。据估计，约700名在日本的中国人遇害。尽管日本政府曾试图掩盖本国犯下的罪行，在外国媒体上将此事作了轻描淡写的报道，声称当时只有200名左右的朝鲜人被杀，但是据信，真实数字要接近6000余人。

---

① 朝鲜大屠杀：1923年9月1日，日本关东地区发生7.9级强烈地震，地震造成10.5万人丧生或失踪。当时，日本媒体连日散布"朝鲜人在水井投毒""朝鲜人引发骚乱"等毫无根据的谣言，使日本民众对朝鲜人产生怨恨和敌意。日本军队和警察因此屠杀了6000余名朝鲜人。但截至目前，日本当局不仅未对韩方谢罪和赔偿，而且不愿澄清真相。

▲ 东京恒哥公园矗立着一座纪念1923年朝鲜大屠杀遇难者的纪念碑

但所有法院和东京站却几乎完好无损地保存了下来，此外，东海道铁路线有几处遭到了严重的破坏。

日本媒体报道地震的能力也受到了影响，除了《东京日日新闻》和《报知新闻》两份报纸外，其余所有报社的办公地点都被摧毁。英国媒体花了将近一周的时间报道了这次地震，他们指出，此时的东京"仍然没有报纸"，东京正通过路透社发往大阪的电报接收外国新闻，然后用军用飞机将电报转发给东京。

媒体报道了这场灾难后，许多外国人发起救援行动，并向受灾国家表示慰问。与此同时，日本内阁在长崎召开了会议，为难民安排临时居所，征用军营，日本百万富翁们的宅邸也对外开放，收容新近无家可归的灾民。此外，陆军工程师受命在空地上（包括在东京皇居的花园）建造新的临时营房。一家日本救助基金很快筹集了数百万日元来帮助受灾者，但银行不得不限制账户持有人提款的额度，每个人最多只能提取100日元。

可以理解，由于地震中几乎没有报社幸存下来，所以误导性信息比比皆是。起初，据说年长的松方亲王（Prince Matsukata）和岛津亲王（Prince Shimadzu）在地震中丧生，但后来又有报道称，他们实际上还活着，不过松方在地震10个月后去世了，享年89岁。有人强调，虽然日本新闻界的许多报道，例如大阪的各家报社的报道，不可避免有不实之处，但有一点是可以肯定的：东京市民所遭受的种种苦难并非言过其实。一个搜查队指出，横滨只剩下4万名居民，其余人要么已经死亡，要么已经逃到更安全的地方。数天后，一艘满载2500名难民的汽船抵达神户。

英国在日本设有办事处或代表的公司非常关注自己国家的财产生命安全。例如，在东京、

日本百万富翁们的宅邸也对外开放，收容新近无家可归的灾民

横滨和大阪设有分支机构的阿尔弗雷德·赫伯特有限公司（Messrs Alfred Herbert Ltd），在地震发生三天后报告称，仍然"没有关于地震对他们的特殊利益造成影响的消息"。该公司曾试图给日本各办事处发电报，但毫无结果。不过，另一家公司收到了一份电报，上面称，东京和横滨的"所有欧洲人"据说都很安全。由于不可能直接从这两座城市中的任何一座城市获得信息，而且大多数信息都是大阪或神户发送的，所以信息并不完全可靠。至9月底，一名英国伤亡人员得到证实，他是来自康沃尔郡彭赞斯镇（Penzance）的G.S.尼文（GS Niven）曾一直在亚洲石油公司工作，不幸在横滨遇难。据说，他的妻子在结婚前一直在彭赞斯的西联电缆公司工作，得知丈夫英年早逝之后，她不得不带着出生不久的婴儿前往神户。

▲ 东京，人们走在关东大地震中地震摧毁的建筑废墟旁

▲ 在东京倒塌的办公楼废墟中，人们拼命地寻找幸存者

震后积极的一面

　　关东大地震过去一年后，日本政府发表了一系列新闻报道来纪念这一事件。近100篇新闻素材是由受此次地震的灾民提交的，日本媒体将其命名为《暖心故事》（《大正新西资理》或《大正时代暖心故事集》），政府热衷于强调其民众的良好素质。因此，此次征集的作品集中体现了个人英雄主义，互相帮助以及营救精神，强调日本人民面对逆境的勇气。这些作品还体现出日本政府帮助国民渡过难关、提供援助以及支持的良好形象。这些新闻报道不仅面向日本读者，而且向世界各地的读者展示了关东大地震及余震过后的灾难景象，因此他们在叙述中发挥了政治和"温暖人心"的作用。

　　显然，这种叙事方式不同于一些外国媒体地震后立即报道的混乱不堪、民众暴乱的形象，但这两种表现都不完全准确。尽管日本政府试图在一定程度上改写历史，但其很多媒体承认，由于缺乏与受灾地区的沟通，有些报道并不怎么可靠。

东京发生了抢夺食物暴乱。

余震过后，日本物价暴涨。本州岛的大部分地区都受到了地震及余震的影响，并由此导致了其他自然灾害。一座位于无人居住小岛①（Kojima）上的火山爆发了，这座小岛距离日本海中的东京有30英里。据报道，日本各地"大多数火山如今都在活动"。海啸吞没了位于东京以南一小时车程的镰仓，而滚滚浓烟则从75英里外大岛渚（Izu Oshima）之外的火山冒出。

不幸的是，并非所有事情都在震后的混乱中得到良好的恢复。东京发生了抢夺食物暴乱，有几个人在抢夺食物斗殴过程中丧生。警方受命用武力努力平息骚乱，重建法律秩序。外国对此表达了慰问，比如法国，9月6日巴黎降半旗举行了一天的哀悼活动，所有剧院和电影院当天关门。

不久以后，这次地震的破坏程度已经超过日本1856年的日本地震；1856年地震曾造成江户②（Yedo）地区10万人死于非命。然而，与江户一样，1923年的受灾地区得到了重建和恢复。如今，镰仓再次成为受人们欢迎的旅游目的地，那里的沙滩每年夏天都会吸引大量的游客。横滨一度再次成为日本仅次于东京的第二大城市、主要港口和重要的商业中心。与此同时，东京再次出现了拥挤、喧闹和明亮的灯光。然而，记忆不灭，21世纪的日本人知道永远不能忘乎所以、掉以轻心，因为曾经发生的灾难可能会再次降临。

数据

东京大学医院的**2700名**病人遇难

横滨**90%**的房屋遭到损坏或摧毁

地震摧毁了灾区**57万**座房屋

东京前陆军服装仓库有**3.8万**人遇难

500名女子在工厂工作时丧生

东京15个区中有**8个区**至少部分遭毁

东京**60%**的人口无家可归

日本人为了报复所谓的"暴乱"，残杀了**6000名**朝鲜人

地震摧毁房屋后，**190万人**无家可归

---

① Kojima 小岛，日本地名。
② 江户，日本江户幕府所在地（今东京都千代田区），日本首都东京旧称，明治维新时也叫千代田城，日本首都从京都迁至江户，因位于京都之东的关东平原而改名东京。

图片所属